DISTRIBUTIONS

D'ÉNERGIE ÉLECTRIQUE

SYNDICAT PROFESSIONNEL

DES USINES D'ÉLECTRICITÉ

27, rue Tronchet, PARIS

DISTRIBUTIONS

D'ÉNERGIE ÉLECTRIQUE

DOCUMENTS OFFICIELS

I. — Loi.

Emprunt des voies ferrées.

Circulaire de M. le Ministre des Travaux Publics, des Postes et des Télégraphes, du 17 mars 1909, relative a l'emprunt des voies ferrées par les distributions d'énergie électrique.

———

(17 Mars 1909).

———

A Monsieur le Préfet du département d.....

Mon attention a été appelée sur la tendance qu'ont les Sociétés de distribution d'énergie électrique à emprunter, pour la pose de leurs canalisations, les emprises des voies ferrées, même lorsque ces emprises n'ont qu'une faible largeur et lorsque les conducteurs électriques pourraient, sans difficulté, être placés sur le sol des propriétés riveraines.

J'ai cependant indiqué, dans une circulaire en date du 5 septembre 1908, que, s'il est nécessaire de donner toutes facilités aux entreprises de distribution d'énergie pour la traversée des voies ferrées, l'emprunt longitudinal de ces voies ne doit être autorisé qu'à titre exceptionnel.

Ce n'est pas, en effet, pour recevoir des réseaux de distribution d'énergie qu'ont été établis les chemins de fer, et, d'autre part, l'existence de conducteurs électriques dans l'emprise des voies ferrées présente des inconvénients, qui deviendront de plus en plus sensibles, à mesure que l'exploitation de ces voies utilisera des dispositifs électriques, surtout si l'emprise dont il s'agit a une faible largeur.

En principe, la pose de conducteurs électriques sur les emprises de chemins de fer ne doit être autorisée que dans les parties où ces emprises sont assez larges pour que les conducteurs puissent être établis à une assez grande distance des rails. Si cette condition n'est pas remplie, l'emprunt n'est admissible que dans le cas où les canalisations électriques ne pourraient éviter d'emprunter la voie ferrée sans rencontrer des difficultés exceptionnelles, et il ne doit être autorisé que sous les réserves nécessaires pour qu'il ne puisse, dans l'avenir, ni gêner l'exploitation, ni compromettre la sécurité du chemin de fer.

L'assentiment que peuvent donner, aux emprunts des voies ferrées par des conducteurs électriques, les Compagnies concessionnaires de ces voies ferrées ne dispense nullement le service du contrôle d'examiner avec le plus grand soin si ces emprunts sont justifiés par des motifs exceptionnels.

Les Compagnies concessionnaires, dont la concession n'a qu'une durée limitée, sont en effet portées à envisager les conditions actuelles de leur exploitation plutôt que les transformations à prévoir dans un avenir plus ou moins lointain. L'Etat doit, au contraire, se préoccuper de ces transformations et éviter la création de servitudes, qui pourraient ultérieurement rendre plus difficile l'application de l'électricité à la manœuvre des signaux et à la traction des convois.

Il est important que les considérations qui précèdent ne soient pas perdues de vue par les divers services intéressés. Il conviendra donc que MM. les Ingénieurs du contrôle des distributions d'énergie électrique recherchent, quand ils instruiront les projets de distribution, les moyens d'éviter des emprunts de voies ferrées qui ne seraient pas justifiés par des raisons exceptionnelles ; MM. les Ingénieurs du contrôle des chemins de fer devront, de leur côté, vérifier et justifier avec soin l'existence de ces motifs exceptionnels, quand ils m'adresseront des avis favorables à des projets d'emprunts.

J'ai remarqué, d'autre part, que l'Administration est parfois saisie d'un projet de canalisation électrique à établir sur l'emprise d'une voie ferrée, sans que le pétitionnaire fournisse des renseignements sur l'ensemble de la distribution dont fait partie cette canalisation.

Bien que les décisions ministérielles, qui interviennent en pareille matière, se bornent généralement à fixer les conditions dans lesquelles l'occupation du domaine public peut être admise, laissant à l'autorité compétente le soin d'autoriser l'établissement du réseau de distribution auquel appartient l'emprunt projeté, il est indispensable, pour que le degré d'utilité de cet emprunt puisse être apprécié, que le projet y relatif contienne des indications suffisamment précises sur les dispositions de l'ensemble du réseau. Les projets d'emprunts qui ne satisferaient pas à cette condition devront être complétés par les pétitionnaires.

J'adresse ampliation de la présente circulaire à MM. les Ingénieurs en chef du contrôle des distributions d'énergie électrique et à MM. les Ingénieurs en chef du contrôle des chemins de fer.

Louis BARTHOU.

Conditions techniques des Installations intérieures.

ARRÊTÉ DU PRÉFET DE LA SEINE CONCERNANT LA FOURNITURE DU COURANT ÉLECTRIQUE AUX PARTICULIERS ET LES CONDITIONS AUXQUELLES DOIVENT SATISFAIRE LES INSTALLATIONS INTÉRIEURES.

(8 Juin 1909).

Le Sénateur, Préfet de la Seine,

Vu la convention arrêtée par le Conseil municipal, le 21 mars 1907, en vue de la concession de la distribution de l'énergie électrique dans Paris ; ensemble le décret du 8 septembre 1907 approuvant ladite convention ;

Vu, notamment, les articles 57 *bis*, 71 et 75 de cette convention ;

Vu les différents rapports du service technique de l'Éclairage ; ensemble les avis de M. le Directeur de l'Inspection générale et du Contentieux ;

Vu les avis émis par la Commission supérieure de contrôle de l'Électricité, le 10 juillet 1908, et par la Sous-Commission permanente, le 1er avril 1909.

Sur la proposition du Directeur administratif des Travaux de Paris,

Arrête :

TITRE Ier. — CONDITIONS GÉNÉRALES.

Conditions d'application du présent arrêté. — Contrôle. — Révision.

Article premier. — Le courant électrique ne sera livré qu'aux propriétaires ou abonnés dont les installations satisferont, au moment de leur établissement et à une époque quelconque, aux prescriptions du présent arrêté.

La Ville et les concessionnaires auront à tout moment le droit de vérifier que ces prescriptions sont bien observées. Les agents chargés du contrôle devront justifier de leur qualité.

Art. 2. — Les installations et appareils existant préalablement à la promulgation du présent arrêté pourront être conservés, même s'ils ne lui sont pas conformes de tout point. La conformité devra être établie au fur et à mesure des remplacements.

Toutefois, seront appliquées sans délai, et pour toutes les installations anciennes ou nouvelles, les prescriptions concernant : la résistance à la rupture, article 14 ; — les précautions contre les élévations excessives de température, article 15 ; — l'exactitude des compteurs, articles 77 à 83.

Renseignements à fournir par les concessionnaires.

Art. 3. — Les concessionnaires indiqueront, à toute personne qui en fera la demande, la nature du courant qui pourra être mis à sa disposition.

Raccordement des immeubles avec la canalisation publique.

Art. 4. — Le branchement sur la canalisation publique et toutes les installations nécessaires pour amener le courant dans l'immeuble, jusques et y compris la boîte de coupe-circuit principale ou le poste de transformateur, seront installés par les concessionnaires et deviendront la propriété de la ville de Paris, conformément à l'article 71 de la convention du 5 septembre 1907.

Art. 5. — La boîte de coupe-circuit principale ou le transformateur seront placés dans un local sec et aéré, toujours accessible aux concessionnaires.

Art. 6. — Les propriétaires ou concessionnaires auront le droit de modifier, déplacer ou transformer la partie de branchement d'immeuble visée à l'article 4.

Les dépenses de cette transformation seront à la charge du propriétaire ou des concessionnaires, suivant que les motifs qui l'auront nécessitée seront du fait de l'un ou des autres.

Exécution et vérification des installations faites par les particuliers.

Art. 7. — Tout ce qui est au delà de la boîte de coupe-circuit principale ou du transformateur sera exécuté par les concessionnaires, les propriétaires ou les abonnés, conformément à l'article 71 de la convention du 5 septembre 1907.

Art. 8 (ainsi modifié par arrêté du 27 décembre 1909). — Les concessionnaires seront, mais seulement en ce qui concerne les installations situées avant les compteurs, prévenus en temps utile des travaux à faire par les propriétaires ou abonnés, de façon à pouvoir les contrôler en cours d'exécution.

Art. 9. — La mise en service d'une installation ne sera faite que par les concessionnaires.

Art. 10. — Avant le raccordement d'une installation au réseau, celle-ci sera soumise à la vérification des concessionnaires, l'abonné ou le propriétaire ayant été convoqué et pouvant assister en personne ou se faire représenter.

L'abonné ou le propriétaire est tenu de donner toutes facilités pour cette vérification.

Art. 11. — En aucun cas, malgré la vérification et la mise en service des installations, les concessionnaires n'encourront de responsabilité à raison des défectuosités qui ne seront pas de leur fait ou du fait de leurs ouvriers ou entrepreneurs.

Conditions d'établissement communes aux diverses installations.

Art. 12. — Les installations ne devront pas être disposées de façon à pouvoir recevoir le courant d'une source étrangère au réseau des concessionnaires.

Exception sera faite s'il est employé des dispositifs spéciaux permettant de séparer le courant du réseau des concessionnaires et le courant de toute autre provenance.

Art. 13. — Les canalisations installées dans un même local, et affectées à des usages différents du courant pour lesquels le tarif n'est pas le même, devront être entièrement séparées et faciles à distinguer.

Art. 14. — Toutes les parties de l'installation devront résister à une tension double de la tension normale, et de même nature, soit entre deux conducteurs, soit entre un conducteur quelconque et la terre, la tension d'épreuve ne devant jamais dépasser 500 volts.

Art. 15. — Dans toutes les parties de l'installation, les sections des conducteurs seront calculées de façon que l'échauffement ne puisse pas dépasser 25° centigrades au-dessus de la température ambiante.

Conditions d'exploitation communes aux diverses installations.

Art. 16. — Les concessionnaires auront seuls le droit d'accès aux appareils de jonction desservant tout branchement collectif ou particulier.

Ces appareils ne pourront être ouverts, fermés, plombés ou déplombés que par leurs soins.

Art. 17. — L'abonné et le propriétaire, chacun en ce qui le concerne, devront prévenir les concessionnaires avant d'apporter une modification dans leurs installations ; ils devront également prévenir, si quelque anomalie ou accident survient dans le fonctionnement de ces installations.

Art. 18. — Sur les canalisations en charge, aucun travail ne pourra être entrepris par les propriétaires ou abonnés, sans que les concessionnaires aient été régulièrement prévenus pour intervenir en temps utile.

Les concessionnaires fixeront le moment où le travail pourra être exécuté de façon à garantir la sécurité de l'exploitation.

Art. 19. — Les concessionnaires auront le droit, après mise en demeure par lettre recommandée, de couper le courant sur toute canalisation qui, n'ayant pas été réparée en temps utile, ne satisferait pas aux conditions du présent arrêté.

Insuffisance des installations.

Art. 20. — Les canalisations de diverses natures, à faire pour réunir un immeuble au réseau général ou pour desservir cet immeuble, seront établies d'après les besoins de cet immeuble, conformément à la déclaration écrite du propriétaire.

Avant exécution, le propriétaire ou l'abonné fournira tous les éléments d'appréciation sur la longueur des diverses canalisations et l'importance des locaux à desservir.

Si les prévisions se trouvent insuffisantes du fait du propriétaire ou de l'abonné, les concessionnaires ne seront tenus de fournir le courant supplémentaire demandé que lorsque les parties insuffisantes auront été renforcées, aux frais du propriétaire ou de l'abonné, depuis et y compris la jonction avec la canalisation publique.

TITRE II. — CANALISATIONS INTÉRIEURES AVANT LES COMPTEURS.

Section A. — Dispositions générales.

Nombre de fils.

Art. 21. — Les canalisations collectives d'immeubles seront au moins à 3 fils, si elles sont reliées à un réseau à fils multiples.

Elles devront être à 5 fils lorsqu'elles seront reliées à un réseau à 5 fils continu ou alternatif, si la puissance totale des compteurs, prévue par le propriétaire, dépasse 50 hectowatts.

Ces conditions s'appliqueront à tout branchement individuel d'abonné alimentant un ou plusieurs compteurs d'une puissance totale supérieure à 25 hectowatts.

Chute de tension.

Art. 22 (ainsi modifié par arrêté du 27 décembre 1909). — Les canalisations intérieures seront établies de façon qu'il ne puisse pas y avoir plus de 1 volt 5 de chute de tension par pont, entre la boîte de coupe-circuit principale ou la sortie du transformateur et l'un quelconque des compteurs, les canalisations étant supposées utilisées à leur pleine puissance, telle qu'elle aura été déclarée par le propriétaire, en vertu de l'article 20, § 1er, du présent arrêté.

Cette pleine puissance correspond, pour chaque installation desservie par compteur spécial, non à la puissance totale des appareils de consommation alimentés, mais à la puissance maximum que le propriétaire aura déclaré devoir être utilisée, à un moment donné, et en vue de laquelle le compteur aura été établi.

Dans les canalisations communes de l'immeuble, la puissance à considérer pour chaque tronçon sera la somme des puissances maxima des installations particulières qu'il dessert.

Section minimum.

Art. 23. — Pour les canalisations intérieures d'immeubles, jusqu'au compteur, on n'emploiera pas de câbles de moins de 5 $^m/_m$,2 de section.

Raccordements.

Art. 24. — Sur les canalisations raccordées à des réseaux alternatifs à 2 fils, pour les parties situées avant le compteur, les raccordements pourront se faire au moyen d'épissures.

Art. 25. — Sur les canalisations intérieures raccordées à des réseaux continus ou alternatifs à 3 ou 5 fils, pour les parties situées avant le compteur, il sera posé, à chaque bifurcation, un appareil spécial dénommé *distributeur* et décrit plus bas, section B, articles 31 à 38.

Art. 26. — Sur chaque branchement individuel d'abonné et aussi près que possible de l'origine, il sera placé un coffret décrit plus bas, section C, articles 39 à 53,

Emplacement des diverses parties de l'installation.

Art. 27. — Il est interdit de faire passer sur une façade donnant sur une voie publique aucune partie de canalisation située avant le compteur.

Art. 28. — Les canalisations situées avant les compteurs devront toujours emprunter les passages communs des immeubles.

En cas d'impossibilité, il sera pris des précautions supplémentaires soumises à l'acceptation des concessionnaires.

Art. 29. — Entre l'origine du branchement particulier d'abonné et le coffret d'une part, d'autre part entre le coffret et le compteur, les conducteurs ne devront présenter ni épissure, ni raccordement.

Les abonnés pourront établir un interrupteur entre le coffret et le compteur, à condition de faire agréer par les concessionnaires des dispositifs spéciaux donnant toute garantie contre les fraudes.

Art. 30. — Une gaine métallique sans solution de continuité pourra être exigée, si un branchement particulier d'abonné traverse une ou plusieurs pièces du local desservi avant d'arriver au compteur.

Cette gaine ne sera pas exigée dans le cas de branchements composés de deux conducteurs concentriques.

Section B. — Distributeurs.

Description générale.

Art. 31. — Le distributeur est essentiellement formé de deux séries de barres suivant deux directions perpendiculaires, reliées, les unes à la canalisation principale, les autres à la canalisation dérivée.

Le nombre des barres de chaque série est égal au nombre des conducteurs de la canalisation dont le distributeur reçoit le courant.

Sera également agréé tout dispositif permettant d'éviter la coupure des câbles sur le circuit principal et de réduire le nombre des raccords sur bornes.

Parties conductrices.

Art. 32. — Le serrage des conducteurs se fera au moyen de cuvettes munies de plaquettes de recouvrement et d'écrous en dessous desquels sera interposée une rondelle Grower.

Pour les intensités supérieures à 30 ampères, on pourra substituer au serrage par cuvette un serrage par étrier.

Les écrous seront carrés.

Les vis seront conformes au système international, avec pas de $0^m/_m,9$ pour les vis de $5^m/_m$, et de $1^m/_m$ pour les vis de $6^m/_m$.

Art. 33. — Les diverses pièces recevant du courant, barres, plaquettes, vis, écrous, etc., ne présenteront aucune arête vive.

Art. 34. — L'écartement sera au minimum de $5^m/_m$ entre les barres inférieures et le socle, de $15^m/_m$ entre les barres inférieures et les barres supérieures.

Art. 35. — Les dimensions des diverses parties des distributeurs seront les suivantes (en millimètres) :

INTENSITÉ PAR BARRE EN AMPÈRES	JUSQU'A 30	AU-DESSUS DE 30 jusqu'à 100
Barres { Largeur	15	20
Barres { Épaisseur	3	5
Intervalles entre les barres (espace libre entre les parties les plus saillantes)	12	12
Diamètre des vis	5	6
Côté du carré des écrous	9	10

Socle et enveloppe.

Art. 36. — Le socle sera en porcelaine, marbre, ou toute autre matière équivalente.

Art. 37. — Le distributeur sera enfermé dans une boîte avec couvercle.

Ce couvercle sera garni intérieurement d'une matière isolante et incombustible.

Il devra assurer une fermeture hermétique, être facile à manœuvrer et comporter un dispositif de plombage.

Au passage des câbles à travers le couvercle, le jeu devra être aussi réduit que possible.

Les entrées non utilisées seront bouchées.

La boîte sera légèrement écartée de la paroi la supportant.

Art. 38. — Les boîtes des distributeurs seront plombées et déplombées par les concessionnaires seuls.

Les raccordements y seront exécutés par les concessionnaires seuls, les conducteurs ayant été amenés par le propriétaire ou l'abonné, de façon que le travail puisse se faire aussitôt après réception des canalisations à raccorder.

Section C. — Coffrets.

Description générale. — Emplacements.

Art. 39. — Le coffret renferme les appareils de sécurité servant également à brancher et débrancher chaque abonné.

Art. 40. — Le coffret sera placé au minimum à $0^m,50$ du sol.

Sur les réseaux alternatifs à 2 fils, il sera placé au maximum à $1^m,50$ du sol.

Appareils intérieurs.

Art. 41. — Aucune partie du fusible ne sera écartée du socle de moins de 10 millimètres.

Art. 42. — Une cloison isolante et incombustible séparera les touches de polarité différente sur toute la longueur du coffret.

Elle dépassera de 5 millimètres au moins les têtes des vis les plus élevées.

Art. 43. — Une substance isolante et incombustible, facile à remplacer, sera placée sur le socle, en dessous du fusible.

Art. 44. — Les touches auront une longueur suffisante pour assurer un contact efficace entre le conducteur et le fusible.

Jusqu'à 30 ampères, les touches, du côté des conducteurs seront à cuvette avec plaquette de recouvrement. Le serrage se fera par un écrou et une rondelle Grower.

Au-dessus de 30 ampères, les touches pourront être à cuvette ou à étrier. Si elles sont à cuvette, il sera établi deux vis de serrage dans le sens de la longueur.

Les pièces recevant le courant ne présenteront aucune arête vive.

Art. 45. — Les vis seront conformes au système international, avec pas de $0^{m/m},9$ pour les vis de 5 millimètres, et de 1 millimètre pour les vis de 6 à 7 millimètres.

Art. 46. — Les dimensions des appareils contenus dans les coffrets seront les suivantes (en millimètres) :

INTENSITÉ PAR TOUCHE EN AMPÈRES	JUSQU'A 30	DE 31 A 100	DE 101 A 500
Touches { Largeur	15	20	40
Epaisseur	3	5	12
Intervalles entre touches (espace libre entre les parties les plus saillantes). .	15	15	25
Longueur utile des fusibles { $110^v, 2 \times 110^v$	30	40	60
$2 \times 220^v, 440^7$	50	60	80
Diamètre des vis.	5	6	7
Largeur des écrous	9	10	12

Socle et enveloppe.

Art. 47. — Le socle sera en marbre, porcelaine ou toute autre substance équivalente.

Art. 48. — L'enveloppe du coffret sera en fonte, lorsque le coffret sera à moins de 2 mètres du sol.

Les parois latérales et le fond seront garnis d'une matière isolante et incombustible.

Art. 49. — Les dimensions de la boîte seront aussi réduites que possible, sans nuire à la facilité des manœuvres et au bon fonctionnement.

Art. 50. — Dans les coffrets placés en saillie, le jeu, au passage des câbles, sera aussi réduit que possible.

Un isolement supplémentaire protégera les conducteurs en ces points.

Art. 51. — Les coffrets comporteront une fermeture hermétique.

Ils comporteront un dispositif d'ouverture et de fermeture très simple, mais ne pouvant être manœuvré qu'avec un outillage spécial que posséderaient seuls les agents des concessionnaires.

Art. 52. — Les coffrets porteront extérieurement le titre de la *Compagnie de distribution d'électricité de Paris.*

Ils porteront intérieurement une étiquette destinée aux inscriptions de service et ayant au minimum 30 $^m/_m \times$ 15 $^m/_m$.

Art. 53. — Le plombage et le déplombage du coffret, son ouverture et sa fermeture, la manœuvre des appareils de sûreté qu'il renferme, seront faits par les concessionnaires seuls.

Titre III. — Compteurs.

Conditions générales.

Art. 54. — Les compteurs devront être d'un type approuvé par le Préfet de la Seine.

Chaque compteur à mettre en service sera, en outre, soumis à la vérification des concessionnaires, en ce qui concerne la bonne construction, la conformité aux prescriptions du présent arrêté et l'exactitude.

Emplacement. — Tableau. — Passage des câbles sur le tableau.

Art. 55. — L'emplacement du compteur et de ses accessoires sera choisi d'accord entre l'abonné et les concessionnaires, et sera situé le plus près possible du coffret.

Art. 56. — Le compteur sera fixé sur un tableau, appuyé sur un gros mur ou tout autre support à l'abri des vibrations.

Le bord inférieur de ce tableau sera au plus à 1^{m}70 du sol.

Le tableau sera en bois dur et sec de 0^{m}02 d'épaisseur minimum. Il comportera des emboîtures aux deux extrémités.

Les dimensions maxima que le concessionnaire pourra exiger sont : hauteur, 0^{m}85 ; largeur, 0^{m}45.

Art. 57. — Le tableau sera posé d'aplomb et fixé par l'abonné.

Il sera écarté d'au moins 1 centimètre de la paroi le supportant.

Il sera muni d'un dispositif de sûreté, empêchant tout déplacement et toute dénivellation à l'insu des concessionnaires, et appliqué à deux vis de fixation diagonalement opposées.

Art 58. — Aucun appareil appartenant à l'abonné autre que le compteur ne sera placé sur le tableau.

Art. 59. — Les câbles du branchement seront amenés jusqu'au bas du tableau, en laissant une longueur supplémentaire égale à la hauteur de ce tableau pour permettre le raccordement avec le compteur.

Ce raccordement sera fait par les concessionnaires seuls.

Art. 6). — Le passage des câbles aura lieu exclusivement sur la face antérieure du tableau.

Organes accessoires. Raccords. Enveloppes.

Art. 61. — Les bornes de connexion des compteurs seront placées à la partie inférieure et disposées de façon que :

Pour les compteurs à 2 fils, les bornes concessionnaire soient à gauche, et les bornes abonné à droite.

Pour les compteurs à 3 et 5 fils, les bornes concessionnaire et abonné alternent, en commençant par la gauche et dans l'ordre indiqué ci-dessus.

Art. 62. — Les bornes pour la fixation des fils aboutissant aux compteurs seront en laiton ; elles comporteront chacune deux vis de serrage.

Pour les calibres supérieurs à 100 ampères, les câbles seront reliés par l'intermédiaire de cosses en cuivre, fixées chacune par deux vis au moins.

Art. 63. — Les vis de serrage des fils sur les bornes des compteurs seront en fer ou en acier.

Elles seront à tête fendue et renforcées.

Elles seront établies suivant le système international.

Art. 64. — Sur un compteur, toutes les bornes seront de même dimension.

Elles seront séparées par des cloisons isolantes de façon qu'un court-circuit ne soit pas possible.

Art. 65. — Les bornes des compteurs seront couvertes par un couvercle indépendant pouvant être plombé.

Ce couvercle enveloppera les bornes et les parties dénudées des câbles de façon à empêcher toute fraude.

Art. 66. — L'enveloppe des compteurs devra empêcher l'introduction de poussières ou d'insectes.

Elle devra pouvoir être facilement ouverte ou fermée par les concessionnaires.

Art. 67. — L'enveloppe des compteurs sera composée de deux parties pouvant se manœuvrer et se plomber séparément.

L'une d'elles permettra seulement l'accès aux pièces nécessitant un entretien courant.

L'autre protégera les pièces à manœuvrer pour le réglage du compteur.

Art. 68. — Des fenêtres permettront de voir directement la minuterie des compteurs. et, s'il y a lieu, une partie du premier mobile, suffisante pour qu'on puisse facilement compter le nombre de révolutions sans enlever l'enveloppe.

Les vitres de ces fenêtres seront fixées de façon à éviter l'introduction de poussières et à empêcher la fraude.

Leur dispositif de fixation devra en permettre le remplacement facile chez l'abonné, sans qu'une soudure soit nécessaire.

Art. 69. — Les vis de fixation du compteur sur le tableau seront disposées de telle sorte que, après le plombage du compteur, on ne puisse les dévisser.

Art. 70. — Les compteurs porteront, de façon bien apparente, l'indication de leurs caractéristiques techniques : tension ; intensités ; fréquence, s'il y a lieu ; constante d'étalonnage, s'il y a lieu, c'est-à-dire nombre de watts-heures équivalent à un tour du premier mobile.

Organes principaux.

Art. 71. — Dans les compteurs d'énergie, le circuit à fil fin sera fixé aux bornes d'entrée du compteur et devra pouvoir s'en détacher aisément.

Art. 72. — Les organes du réglage des compteurs devront pouvoir être manœuvrés d'une façon certaine et progressive.

Art. 73. — Les crapaudines des compteurs seront conformes au modèle approuvé par le Préfet de la Seine.

La pierre employée sera de première qualité, bien polie, exempte de trous et de fentes.

Art. 74. — Les minuteries des compteurs seront à cadrans.

Le nombre des cadrans sera au minimum de 4 jusqu'à 10 hectowatts, et de 5 au-dessus de 10 hectowatts.

L'unité enregistrée par le dernier cadran sera l'hectowatt-heure jusqu'à 200 hectowatts de puissance, et le kilowatt-heure au-dessus; les autres cadrans donneront les multiples décimaux de cette unité.

L'unité adoptée sera indiquée de façon bien apparente.

Art. 75. — Les compteurs qui ne peuvent être vérifiés en comptant le nombre de tours du premier mobile seront munis de cadrans fractionnaires donnant les dixièmes, centièmes, millièmes de l'unité adoptée.

Ces cadrans seront d'une couleur différente de celle des autres cadrans et ne porteront pas de chiffres.

Art. 76. — L'isolement des enroulements entre eux et l'isolement entre les enroulements et la masse devra être d'au moins 1 megohm.

Les enroulements devront pouvoir résister pendant 15 minutes à une tension égale à quatre fois la tension de régime et de même nature.

Conditions d'exactitude.

Art. 77. — Les compteurs ne devront présenter aucune marche à vide.

Art. 78. — Les compteurs devront démarrer pour un débit au plus égal à :

1/100 du débit maximum, si ce dernier est égal ou inférieur à 50 hectowatts;

A 50 watts, si le débit maximum est compris entre 50 et 100 hectowatts;

A 1/200 du débit maximum, si ce dernier est égal ou supérieur à 100 hectowatts.

Art. 79. — L'erreur relative des compteurs, en plus ou en moins, mesurée séparément, pour chaque circuit dans les compteurs à plusieurs circuits, devra, aux essais de laboratoire sur compteurs neufs, être égale au plus :

A 3 p. 100 pour les débits égaux ou supérieurs à 1/10ᵉ du débit maximum ;

A 5 p. 100 pour un débit égal au 1/20ᵉ du débit maximum.

Pour les essais faits sur place sur les compteurs en service, les limites ci-dessus de 3 p. 100 et 5 p. 100 seront portées respectivement à 5 p. 100 et 10 p. 100.

Art. 80. — La consommation des compteurs, lorsqu'il n'y a pas de débit, ne devra pas dépasser 1,5 watts par 110 volts pour les compteurs d'induction, et 4 watts par 110 volts pour les autres compteurs.

Art. 81. — A pleine puissance, la perte de charge ne devra pas être supérieure à 1 volt.

Art. 82. — Les compteurs de quantité ne seront admis que pour des intensités égales au plus à 10 ampères.

Dans les compteurs de cette catégorie, la perte de tension au débit maximum ne devra pas dépasser 0,5 volt par 110 volts.

Art. 83. — Les conditions ci-dessus (art. 77 à 82) seront exigibles :

a) A toute tension s'écartant au maximum de 10 p. 100 de la tension normale, en plus ou en moins ;

b) A toute température comprise entre 0° et 30° centigrades ;

c) En ce qui concerne les compteurs alternatifs, pour toute valeur de la fréquence s'écartant au maximum de 10 p. 100 de la fréquence normale en plus ou en moins ;

d) En ce qui concerne les compteurs alternatifs, pour toute valeur du facteur de puissance égale ou supérieure à 0,3.

Titre IV. — Canalisations après les compteurs.

Répartition en circuits distincts.

Art. 84. — Les installations d'abonnés servant à l'éclairage et reliées aux réseaux à 3 ou 5 fils seront divisées en circuits de 25 hectowatts au plus par 110 volts.

Chaque circuit sera muni au départ d'un interrupteur et d'un coupe-circuit bipolaire, placés aussi près que possible du compteur et sur un tableau distinct.

Sur les réseaux à 5 fils pour les installations de plus de 50 hectowatts, le tableau sera disposé de façon à permettre de transporter les circuits d'un pont sur un autre.

La puissance de chaque installation d'abonné sera distribuée entre les divers ponts du réseau, de façon qu'à un moment quelconque la différence de débit entre deux ponts ne dépasse pas 25 hectowatts.

Art. 85. — Les installations utilisant l'énergie pour des usages autres que l'éclairage et commandées par un compteur spécial seront, autant que possible, alimentées sous 220 volts sur les réseaux à 3 et 5 fils. Les appareils fonctionnant sous 110 volts seront répartis en circuits de 25 hectowatts au plus. Les appareils fonctionnant sous

220 volts seront, autant que possible, répartis en circuits de 50 hecto-watts au plus.

Sur les réseaux à 5 fils, le tableau permettra de changer les circuits de pont.

Conditions générales.

Art. 86. — Tous les conducteurs et appareils devront, autant que possible, être accessibles, afin qu'on puisse en tout temps les contrôler et les remplacer.

Canalisations courantes.

Art. 87. — Il ne sera admis aucun conducteur de moins de $0^{m}/_{m^2},64$ de section.

Art. 88. — L'emploi de conducteurs nus devra être l'objet d'une entente entre l'abonné et les concessionnaires.

Art. 89. — Les conducteurs isolés seront munis d'une protection électrique et d'une protection mécanique.

Art. 90. — Les câbles sous plomb nu ne doivent jamais être mis en contact avec des corps attaquant le plomb.

Les câbles sous plomb nu noyés dans la maçonnerie seront protégés mécaniquement.

L'emploi de crochets ordinaires à tuyaux est interdit pour la fixation des câbles sous plomb.

Art. 91. — Les moulures servant de protection mécanique aux conducteurs ne présenteront aucune discontinuité.

Les angles des rainures seront arrondis aux changements de direction.

Art. 92. — Les fils souples devront toujours rester apparents.

Art. 93. — Dans les locaux où passent les conduites d'eau ou de vapeur, toutes précautions utiles seront prises pour éviter les effets des condensations d'eau ou de la chaleur.

Art. 94. — Dans les locaux humides, on intercalera des cales entre les murs et les moulures, de façon à ménager un espace d'air d'au moins 5 millimètres.

Art. 95. — Au croisement des tuyaux de gaz ou d'eau, il sera ajouté un supplément d'isolement électrique et de protection mécanique.

Art. 96. — A la traversée de murs, cloisons et planchers, on encastrera des tuyaux mécaniquement résistants et les conducteurs seront garnis d'un isolement supplémentaire.

Dans les anciennes constructions, où les prescriptions du paragraphe précédent ne pourraient être appliquées, le passage des conducteurs dans le vide des planchers pourra se faire sans interposition de tuyaux résistants, à condition que chaque conducteur soit revêtu d'un fourreau en caoutchouc, ou autre matière équivalente, non scellé dans le raccord.

Connexions.

Art. 97. — Les connexions des lignes avec les tableaux et appareils autres que la lustrerie ne seront pas réalisées par soudures ni ligatures, mais par serrage de vis assurant un parfait contact.

Art. 98. — Pour les autres connexions, les soudures seront faites en évitant l'emploi de substances décapantes liquides ou acides.

Art. 99. — Les soudures et épissures ne devront pas constituer des points faibles électriquement ou mécaniquement.

Au droit des soudures et épissures, l'isolement électrique sera établi avec des matières équivalentes à celles qui constituent l'enveloppe des conducteurs.

Les soudures ou épissures ne devront avoir à supporter aucun effort de traction.

Art. 100. — Sur les conducteurs souples, les ligatures métalliques sont interdites.

La jonction des conducteurs souples entre eux ou avec d'autres conducteurs sera faite par prise de courant avec contact à vis.

Art. 101. — Les dérivations de fils mobiles se feront par des prises de courant à fiches ou autres appareils équivalents.

Les fils mobiles seront reliés aux prises de courant de telle sorte que la traction ne puisse déchirer l'isolant, ni détacher les fils de leurs connexions.

Art. 102. — Les connexions entre câbles sous plomb devront être étanches.

Coupe-circuits et interrupteurs.

Art. 103. — Chaque circuit principal ou dérivé sera muni d'un coupe-circuit multipolaire, sauf les exceptions ci-après :

Des circuits d'appareils groupés, ne desservant qu'une puissance totale de 4 hectowatts au plus, pourront n'avoir qu'un coupe-circuit bipolaire.

Des appareils dispersés pourront être reliés à un coupe-circuit bipolaire unique, si la puissance totale ne dépasse pas 2 hectowatts.

Art. 104. — Un coupe-circuit spécial sera placé à l'origine de tout circuit desservant des lampes placées à l'extérieur ou desservant un local humide.

Art. 105. — Les coupe-circuits seront placés aussi près que possible de l'origine des dérivations et groupés dans des endroits facilement accessibles.

Art. 106. — Sur les coupe-circuits, les pièces fusibles et vis de serrage seront protégées par un couvercle.

Les couvercles métalliques sont interdits, sauf pour les modèles d'appareils qui comportent un fusible noyé dans un bourrage protecteur suffisant.

Les coupe-circuits seront disposés de façon que, lors de la fusion, il ne se produise en aucun point ni arc durable, ni court-circuit.

Art. 107. — Les interrupteurs et commutateurs seront à rupture brusque, sauf le cas où ils n'auront pas à être manœuvrés en charge.

Les dispositions seront telles qu'il ne puisse y avoir ni échauffement anormal, ni arc permanent à la rupture, ni inflammation ou déformation d'aucune partie par suite de l'échauffement dû à un mauvais contact.

Art. 108. — Les têtes de vis ou boulons traversant la base seront recouvertes de matière isolante.

Art. 109. — Les appareils d'interruption et de sécurité auront des dimensions telles qu'ils ne puissent, par l'effet du courant, prendre une température anormale.

Les appareils munis de couvercles ne devront laisser passer hors de ce couvercle aucune pièce métallique nue en contact avec le courant.

Est interdit pour les socles l'emploi du bois ou de toute autre matière présentant la même inflammabilité.

Divers.

Art. 110. — Les appareils mixtes à gaz et à électricité seront séparés du reste de la canalisation à gaz par un raccord isolant.

Sont interdits les appareils dans lesquels la flamme du gaz peut échauffer les conducteurs.

Art. 111. — Dans les douilles de lampes à incandescence, les conducteurs seront autant que possible montés sur des supports isolants incombustibles, inaltérables à la chaleur et à l'humidité.

Les douilles seront isolées des appareils sur lesquels elles seront montées.

Art. 112. — Les lampes à arcs seront isolées par leurs crochets de suspension.

Chaque circuit de lampe à arc comprendra sur chaque pôle un interrupteur et un coupe-circuit.

Les rhéostats de lampes à arcs seront placés dans un endroit abrité, aéré et loin de toutes matières inflammables. Ils seront établis de façon à ne jamais s'échauffer à plus de 200 degrés centigrades. Les matières résistantes devront être éloignées d'au moins 5 centimètres des parois des murs ou tableaux.

Art. 113. — Les appareils suspendus par chaînes ou tiges seront isolés à leur point de suspension.

TITRE V. — APPAREILS D'UTILISATION.

Appareils autres que les moteurs.

Art. 114. — Sur les réseaux alternatifs, il ne sera pas admis d'appareils d'utilisation présentant en régime normal un facteur de puissance inférieur à 0,5.

2

Art. 115. — Les batteries d'accumulateurs seront protégées par un disjoncteur polarisé, indépendamment des interrupteurs ou coupe-circuits exigés.

Les rhéostats intercalés pour la charge des accumulateurs devront comporter un interrupteur à rappel automatique à zéro en cas d'interruption du courant.

Conditions applicables à tous les moteurs.

Art. 116. — Les moteurs de plus de 10 hectowatts seront munis d'un rhéostat à rappel automatique à minimum de courant ou d'un dispositif équivalent.

Art. 117. — Les moteurs seront munis d'interrupteurs sur tous les pôles, le rhéostat de démarrage pouvant faire office d'interrupteur.

Ils seront protégés par des coupe-circuits ou disjoncteurs automatiques placés entre l'interrupteur et le moteur.

Art. 118. — Les moteurs porteront une plaque indiquant :

a) La tension aux bornes des induits et des inducteurs ;

b) L'intensité absorbée à pleine charge ;

c) Pour les moteurs à courant alternatif, le facteur de puissance à pleine charge.

Conditions applicables aux moteurs à courant continu.

Art. 119. — Sur les réseaux à courant continu, les moteurs absorbant plus de 10 hectowatts seront alimentés sous la tension de 220 volts.

Sur les réseaux à courant continu 5 fils, les moteurs absorbant plus de 20 hectowatts seront alimentés sous la tension de 440 volts.

L'excitation pourra se faire sous 110 volts ou 220 volts.

Art. 120. — Le courant de démarrage ne devra pas dépasser le courant de pleine charge.

Conditions applicables aux moteurs à courant alternatif.

Art. 121. — Les moteurs synchrones à courant alternatif ne pourront être établis qu'après accord avec les concessionnaires.

Art. 122. — Sur les réseaux diphasés :

Les moteurs monophasés 110 volts ne seront admis que si la puissance absorbée ne dépasse pas 1 hectowatt ;

Les moteurs monophasés 220 volts seront admis jusqu'à 3 hectowatts ;

Au delà de 3 hectowats, il ne sera admis que des moteurs diphasés.

Art. 123. — Les moteurs monophasés sont disposés de façon à ne pas absorber un courant de démarrage supérieur à trois fois, à une fois et demie ou à une fois le courant de pleine charge, suivant que la puissance absorbée à pleine charge sera inférieure à 5 hectowatts, comprise entre 5 et 100 hectowatts, ou supérieure à 100 hectowatts.

Art. 124. — Les moteurs diphasés seront disposés de façon à ne pas absorber un courant de démarrage supérieur à deux fois, à une fois et demie ou à une fois le courant de pleine charge, suivant que la puissance absorbée à pleine charge sera inférieure à 10 hectowatts, comprise entre 10 et 100 hectowatts, ou supérieure à 100 hectowatts.

Art. 125. — Les facteurs de puissance ne devront pas être inférieurs aux valeurs indiquées ci-après :

PUISSANCE DES MOTEURS en hectowatts	FACTEURS DE PUISSANCE			
	MOTEURS MONOPHASÉS		MOTEURS DIPHASÉS	
	1/2 charge	Pleine charge	1/2 charge	Pleine charge
2,5	0,4	0,60	0,55	0,70
5,5	0,55	0,68	»	»
10	0,58	0,70	0,55	0,75
40	0,62	0,76	0,64	0,80
50	»	»	»	»
70	»	»	»	»
100	0,65	0,78	0,72	0,83
300	0,74	0,83	0,75	0,86

L'écart entre les facteurs de puissance de chaque phase sera au plus de 6 p. 100.

Art. 126. — Pour l'estimation du calibre des compteurs, on se basera, non sur la puissance des moteurs exprimée en watts, mais sur leur puissance apparente exprimée en volt-ampères.

A titre d'indication, le courant de pleine charge absorbé par les moteurs ne devrait pas dépasser les valeurs suivantes pour les puissances correspondantes indiquées ci-dessous :

PUISSANCE ABSORBÉE PAR LES MOTEURS (EN HECTOWATTS)	COURANTS DE PLEINE CHARGE PAR PHASE POUR MOTEURS (EN AMPÈRES)	
	Monophasés à 110 volts	Diphasés à 220 volts
2,5	5,75	1,2
5,5	11	2,3
10	18	4,5
40	64	15,5
50	78	18,5
70	102	25
100	138	33,5
300	400	92,5

Art. 127. — Ampliation du présent arrêté, qui sera inséré au *Recueil des Actes administratifs* et au *Bulletin municipal officiel*, sera adressée :

1° A la Compagnie Parisienne de Distribution d'électricité ;

2ˢ Au Service technique de l'Éclairage ;

3° A la Direction de l'Inspection générale et du Contentieux ;

4° A la Direction des Affaires municipales ;

5° A la Direction administrative des services d'Architecture.

Fait à Paris, le 8 juin 1909.

Le Préfet de la Seine,

Signé : J. DE SELVES.

Interprétation des Réglements relatifs aux Distributions d'Énergie électrique.

CIRCULAIRE DU MINISTRE DES TRAVAUX PUBLICS, RELATIVE A L'INTERPRÉ-TATION DES RÉGLEMENTS RENDUS POUR L'APPLICATION DE LA LOI DU 15 JUIN 1906 SUR LES DISTRIBUTIONS D'ÉNERGIE ÉLECTRIQUE.

(24 Juillet 1909).

LE MINISTRE

à Monsieur l'Ingénieur en chef du Contrôle des Distributions d'énergie électrique à.....

J'ai été consulté par des Ingénieurs en chef du Contrôle des distributions d'énergie électrique sur l'interprétation qu'il convient de donner à certaines dispositions des réglements ou des circulaires rendues pour l'application de la loi du 15 juin 1906.

Je crois utile de porter à votre connaissance les questions posées et les réponses que je crois devoir y faire.

Demande. — Si une distribution entièrement établie sur des terrains particuliers vient à subir une extension telle que certaines de ses lignes traversent ou empruntent des voies publiques, la distribution primitive devra-t-elle faire l'objet d'une autorisation et sera-t-elle soumise à la surveillance du Contrôle ?

Réponse. — Les commentaires donnés par la circulaire ministérielle du 15 septembre 1908 permettent de résoudre cette question. Du moment qu'une distribution cesse d'être établie uniquement sur des terrains particuliers, elle tombe sous l'application de l'article 3 de la loi du 15 juin 1906 et doit faire l'objet d'une autorisation. Elle doit, de même, être soumise à la surveillance d'un Service de contrôle : Service de contrôle de l'Etat, s'il s'agit d'une concession d'Etat ou de lignes empruntant, par permission de voirie, des voies dépendant de la grande voirie; Service de contrôle des municipalités dans les autres cas. L'Ingénieur en chef du Contrôle est compétent pour autoriser l'exécution des travaux et pour délivrer l'autorisation de circulation de courant par délégation du Préfet. Ces autorisations doivent viser aussi bien les extensions situées sur la voie publique que les parties de la distribution déjà construites et exploitées sur des terrains particuliers. Il n'est pas possible, en effet, de séparer les diverses parties d'une même distribution, et les mesures de sécurité à imposer aux lignes situées sur la voie publique doivent nécessairement avoir leur répercussion sur toutes les autres.

Demande. — Peut-on résumer les indications de la circulaire du 15 septembre 1908 par le texte ci-dessous :

« A. — Sont soumises aux contrôles municipaux :

» 1° Les distributions ou parties de distributions concédées par les communes et syndicats de communes antérieurement à la loi du 15 juin 1906 ;

» 2° Les distributions ou parties de distributions concédées par les communes ou syndicats de communes par application de l'article 6 de ladite loi ;

» 3° Les distributions ou parties de distributions non concédées ne traversant ou n'empruntant que des voies vicinales, rurales ou urbaines.

» B. — Sont soumises au contrôle de l'Etat :

» Toutes les distributions ou parties de distributions traversant ou empruntant les voies publiques qui ne rentrent pas dans l'une ou l'autre des catégories précédentes.

» C. — Toute distribution (à part les parties concédées) ne pourra être soumise qu'à une seule catégorie de contrôle, soit contrôle de l'Etat, soit contrôles municipaux.

» D. — On entendra par « distribution » l'ensemble de toutes les lignes parcourues par le même courant ou issues de la même station centrale. »

Réponse. — Le texte proposé ci-contre n'est pas conforme aux prescriptions de la circulaire du 15 septembre 1908, qui définit de la façon suivante le mot « distribution » :

« Tout ensemble de canalisations et d'ouvrages reliés entre eux et parcourus par un même courant électrique doit être considéré comme constituant *une seule et même distribution*, à la condition que ces canalisations et ouvrages *soient autorisés par une décision de l'autorité compétente ou par des décisions connexes.* »

Lorsque, dans une espèce, l'Ingénieur en chef du Contrôle éprouve une difficulté pour la détermination du service de Contrôle, il doit en référer au Ministre, et ses propositions doivent avant tout satisfaire à l'article 1er du décret du 17 octobre 1907 (Contrôle) et à la circulaire du 18 octobre 1907, portant envoi de ce décret réglementaire ainsi conçu :

. . . .

« Pour les distributions établies en vertu de concessions accordées par l'Etat, et pour les distributions empruntant en tout ou partie la grande voirie en vertu de permissions, le contrôle est exercé exclusivement par les fonctionnaires de mon Administration, seule compétente pour assurer l'application de la loi. » (Art. 1er du décret).

Demande. — La redevance normale pour occupation du domaine public est-elle due pour les traversées des voies ferrées ?

Réponse. — Le domaine public des chemins de fer étant déjà concédé aux Compagnies, c'est à ces dernières qu'il appartient de percevoir les taxes afférentes à l'occupation par les traversées. Autrement dit, le décret du 17 octobre 1907 ne s'applique pas au cas de traversée de chemins de fer. La seule indemnité due est celle fixée par l'article 5 de l'arrêté-type d'autorisation.

Demande. — Doit-on consulter le Service du Contrôle de la voie ferrée sur les dispositions de l'avant-projet d'une distribution traversant cette voie ?

S'il s'agit d'un avant-projet de distribution à établir en vertu d'une concession, il n'y a pas lieu à conférence avec le Contrôle du chemin de fer, parce que cet avant-projet est trop imprécis en ce qui concerne la traversée.

Réponse. — S'il s'agit d'un avant-projet de distribution à établir en vertu de permission de voirie, si l'emplacement de la traversée est exactement fixé, et si l'avant-projet, en ce qui concerne la traversée, est accompagné de tous les renseignements nécessaires, il y a intérêt à ce que la traversée soit examinée immédiatement en conférence avec le service du chemin de fer.

Mais, d'une manière générale, la circulaire du 5 septembre 1908 vise l'examen des traversées en conférence, seulement pour le projet d'exécution (art. 14 de la loi du 15 juin 1906), qui, en général, donne seul l'emplacement exact et les renseignements nécessaires à la conférence.

Demande. — La tension-limite de 30.000 volts est-elle la différence de tension entre les conducteurs et la terre, ou entre les conducteurs ?

Réponse. — La tension de 30.000 volts est la plus grande tension de régime entre les conducteurs et la terre (art. 1er de l'arrêté du 21 mars 1908).

Demande. — Distributions travaillant sous plus de 30.000 volts.

Le projet définitif doit-il être communiqué au Ministre comme l'est l'avant-projet ?

Réponse. — La communication visée par la circulaire du 21 juillet est celle du projet d'exécution et non de l'avant-projet.

Les instructions de l'Administration supérieure doivent en effet porter sur les dispositions techniques qui ne sont déterminées qu'au moment de l'exécution.

Demande. — La procédure des chapitres 5 et 7 du décret du 3 avril 1908 s'applique-t-elle aux travaux complémentaires et aux modifications d'installations déjà autorisées ?

Réponse. — Cette procédure s'applique aux travaux complémentaires et aux modifications d'installations déjà autorisées, sous réserve de l'application, quand il y a lieu, de l'article 35 du décret du 3 avril 1908.

Demande. — Doit-on attendre pour organiser les contrôles municipaux l'arrêté prévu à l'article 6 du décret du 17 octobre 1907 ?

Réponse. — Le principe de l'organisation de ces contrôles étant nettement arrêté, il n'y a pas de raison d'attendre de nouvelles instructions. Les contrôles peuvent fonctionner provisoirement dans les conditions fixées par les Ingénieurs en chef et soumises, le cas échéant, par eux à l'approbation du Ministre.

Demande. — Dans le cas où les différents services de contrôle s'exerçant sur une distribution unique auront à prendre des mesures communes, de quelle manière s'établira l'accord ?

Réponse. — Quand un réseau de distribution dessert plusieurs communes, par exemple, par voie de concession, il y a lieu de distinguer deux cas : celui où le réseau ne s'étend que dans un département, et le cas où il s'étend dans plusieurs départements.

Dans le premier cas, l'Ingénieur en chef du Contrôle des distributions d'énergie électrique du département a sous sa surveillance les divers services de contrôle municipaux ; il peut donc provoquer les accords.

Dans le second cas, il y a lieu d'en référer au Ministre. S'il désigne un seul Ingénieur en chef pour exercer le contrôle, on se trouve dans le cas précédent. S'il y a plusieurs Ingénieurs en chef contrôleurs, il est désirable qu'ils s'entendent pour exercer leur contrôle dans les mêmes conditions.

Si la distribution est établie par permission de voirie, la solution est la même.

Demande. — La réception des travaux des distributions contrôlées par les municipalités est-elle faite par le Maire ou l'Ingénieur en chef?

Réponse. — Aux termes du décret du 3 avril 1908 (art. 34 et 42), c'est l'Ingénieur en chef du Contrôle qui, *dans tous les cas*, doit autoriser l'exécution des travaux et procéder à leur réception. Cette manière de voir est explicitement confirmée par la circulaire du 3 août 1908, qui dispose comme suit :

« Si les essais sont satisfaisants, la réception des travaux est prononcée, quelle que soit la nature de la distribution, par l'Ingénieur en chef du Contrôle des distributions d'énergie électrique, seul compétent pour convoquer les services intéressés. »

Demande. — L'instruction des demandes pour concessions communales de distributions d'énergie électrique porte, actuellement encore, très souvent, sur l'ancienne et la nouvelle législation. Pour beaucoup d'entreprises, dont la réglementation est en cours, la concession de l'éclairage public a été donnée, sans enquête, après la promulgation de la loi du 15 juin 1906, mais avant la publication du cahier des charges-type annexé au décret du 17 mai 1908, par un cahier des charges dont les clauses principales font partie d'un cahier des charges-type élaboré par le Conseil départemental des bâtiments civils, sous l'ancienne législation. Aux termes de ce cahier des charges, le concessionnaire est autorisé à placer, sans autre autorisation, ses installations sur les chemins et rues soumis à l'Administration communale, et la municipalité doit se pourvoir des autres autorisations en ce qui concerne les chemins et routes soumis à l'autorité du Préfet.

Pour ces affaires en cours, la question qui se pose est celle ci : comme le traité de concession ne comporte pas l'autorisation d'établir des ouvrages de distribution en dessus des voies placées sous l'autorité du Préfet, doit-on donner cette autorisation dans l'ancienne forme, comme pour une canalisation d'eau ou de gaz, c'est-à-dire par des arrêtés préfectoraux de voirie ordinaires, ou sous la forme générale de l'arrêté préfectoral dont le modèle est annexé à la circulaire du 25 octobre 1908 ?

Réponse. — Les concessions données après la promulgation de la loi du 15 juin 1906, mais antérieurement au cahier des charges-type du 17 mai 1908, dans des conditions qui peuvent être considérées comme valables, par application de l'article 10 de la loi du 15 juin 1906, comportent le droit d'exécuter sur les voies publiques et leurs dépendances tous travaux nécessaires à l'établissement et à l'entretien des ouvrages, en se conformant aux conditions du cahier des charges, des règlements d'administration publique pris pour application de la loi du 21 mars 1908.

Si le cahier des charges de la concession prévoit, conformément à l'ancienne jurisprudence, que la commune doit se pourvoir des autorisations nécessaires pour l'occupation des chemins et routes soumis à l'autorisation du Préfet, cette clause demeure sans effet, et cela par application de l'article 10 précité de la loi du 15 juin 1906.

Toutefois, il doit être entendu que les projets d'exécution doivent être soumis à l'approbation de l'Ingénieur en chef du Contrôle, en vertu de l'article 14 de la loi.

Demande. — Lorsqu'un réseau de distribution a été autorisé par une concession, la ligne à haute tension alimentant le réseau peut-elle être comprise dans la concession ou doit-elle faire l'objet d'une autorisation spéciale donnée par permission de voirie ?

Lorsque cette ligne à haute tension traverse plusieurs communes, doit-il y avoir un arrêté d'autorisation pour chaque commune, ou un seul arrêté peut-il suffire pour toute la ligne ?

Réponse. — Il y a lieu de distinguer deux cas :

PREMIER CAS. — *La ligne à haute tension (ligne de transport), alimentant le réseau de distribution est située tout entière sur le territoire de la commune où se trouve la distribution considérée.*

Dans ce cas, la ligne de transport peut être comprise dans la distribution concédée, comme il résulte dans la note I de l'article 5 du cahier des charges-type du 17 mai 1908.

Si la ligne de transport n'est pas comprise dans la concession, elle peut ou bien être autorisée par permission de voirie, ou bien faire l'objet elle-même d'une concession de transport pour laquelle un nouveau type de cahier des charges est en cours d'élaboration.

DEUXIÈME CAS. — *La ligne à haute tension (ligne de transport) alimentant le réseau de distribution emprunte le territoire de plusieurs communes.*

Dans ce cas, il y a lieu de distinguer la partie de la ligne de transport située sur le territoire de la commune où se trouve la distribution concédée et le reste de la ligne de transport.

En ce qui concerne la partie de la ligne de transport située sur le territoire de la commune concédante, les observations formulées ci-dessus à propos du premier cas s'appliquent purement et simplement.

En ce qui concerne le reste de la ligne de transport, cette partie de la ligne ne peut jamais faire partie de la distribution concédée par une commune ; car, par définition même, en vertu de l'article 6 de la loi, une distribution communale ne comprend que des lignes situées sur le territoire d'une seule et même commune (le cas de syndicat de communes étant laissé de côté et se traitant d'ailleurs comme le cas d'une commune). Dans ces conditions, la partie de ligne située en dehors du territoire peut être établie soit en vertu de permissions de voirie, soit en vertu d'une concession spéciale de transport, soit par une combinaison des deux systèmes.

La ligne de transport *autorisée par permission de voirie* donne lieu :

1° A un seul et même arrêté d'autorisation préfectorale par département pour la grande voirie et les chemins vicinaux de grande communication ou d'intérêt commun (modèle joint à la circulaire du 25 octobre 1908), étant entendu que les formalités prévues par l'article 5 du décret du 3 avril 1908 ont été remplies et qu'en particulier les Maires et, s'il y a lieu, les Conseils municipaux ont été consultés par application des alinéas 2 et 3 dudit article ;

2° A un arrêté spécial à chacune des communes traversées pour les voies qui sont de la compétence des Maires, conformément au deuxième alinéa de l'article 5 du décret du 3 avril 1908.

Si la ligne de transport est *concédée*, la concession est donnée par une commune ou un syndicat de communes, suivant qu'elle s'étend sur le territoire d'une commune ou du syndicat de commune, et elle est donnée par l'Etat dans les autres cas.

Si la ligne de transport est soumise à un régime comprenant des parties *concédées* et des parties *autorisées* par permission de voirie, à chaque partie de la ligne de transport s'applique le régime correspondant.

Demande. — Une ligne de transport à haute tension qui alimente des lignes secondaires autorisées par permission de voirie, dont l'une emprunte la grande voirie, doit-elle être soumise au contrôle exclusif de l'Etat ?

Réponse. — La question n'est pas posée avec une précision suffisante pour être l'objet d'une réponse s'appliquant à tous les cas et il suffira de résumer les textes au moyen desquels les questions d'espèces pourront être réglées.

La réponse à cette question doit se trouver dans l'application des articles 1er et 5 du décret du 17 octobre 1907 (Contrôle) commenté par la circulaire ministérielle du 15 septembre 1908.

On se bornera à rappeler :

a. Que tout ensemble d'ouvrages autorisés par une décision unique ou par des décisions connexes, ou parcourus par un même courant électrique, est considéré comme faisant partie d'une seule et même distribution qui sera soumise au contrôle de l'Etat :

1° Lorsqu'il y aura concession d'Etat ;

2° Lorsque la grande voirie aura été empruntée en tout ou partie, en vertu de permissions ;

Et qu'au point de vue de la sécurité, il y a intérêt à étendre le contrôle de l'État à tous les cas prévus par la loi et par les règlements d'administration publique.

b. Que le contrôle des municipalités s'applique exclusivement :

1° Aux concessions données par les communes ou syndicats de communes ;

2° Aux distributions empruntant *exclusivement* des voies vicinales et urbaines.

Entre ces limites, les difficultés d'appréciation peuvent résulter surtout de l'extension, en dehors d'une commune, d'une distribution originairement établie à l'intérieur de la commune.

En cas de désaccord, la question devra être soumise au Ministre.

Demande. — Pour les distributions établies en vertu de concessions communales après la promulgation de la loi du 15 juin 1906, mais avant la promulgation du cahier des charges-type annexé au décret du 17 mai 1908, y a-t-il lieu d'appliquer sans délai les redevances fixées par le décret du 17 octobre 1907 ?

Réponse. — La décision ministérielle du 16 mars 1909 répond affirmativement à cette question.

Demande. — Les états de renseignements, dont le modèle a été annexé à la circulaire du 25 octobre 1908, doivent-ils être fournis par les permissionnaires et à leurs frais, ou bien doivent-ils leur être remis par l'Administration ?

Réponse. — Ces états doivent, en principe, être fournis à leurs frais par les pétitionnaires, qui peuvent se les procurer dans le commerce. Toutefois, considérant que, pour l'application de la loi du 25 juin 1895, l'Administration des Postes et Télégraphes fournissait gratuitement les imprimés réglementaires, la Commission considère comme désirable la continuation de cette pratique, sous la réserve qu'il ne puisse pas en résulter de diminution dans les indemnités allouées aux services de Contrôle.

Demande. — Quand une distribution électrique doit être établie par permission de voirie, doit-on admettre qu'il est interdit d'introduire dans la formule-type réglementaire jointe à la circulaire ministérielle du 25 octobre 1908 (par exemple à l'art. 2) les dispositions relatives à l'emplacement de certains ouvrages, en particulier des poteaux ? ·

Si cette interdiction existe et s'il y a désaccord avec les services intéressés, notamment au sujet de l'emplacement des poteaux, l'affaire doit être soumise au Ministre ; de cette façon, le Préfet est dessaisi d'une de ses attributions ordinaires.

Cette manière de faire est inadmissible.

Réponse. — Pour se limiter au cas posé, on admettra qu'il s'agit de canalisations aériennes et que le désaccord porte sur l'emplacement des poteaux.

Dans ces conditions, la formule annexée à la circulaire du 25 octobre 1908 (annexe n° 2) permet, en son article 2, de donner toute précision utile pour les conditions imposées aux canalisations aériennes, et à l'emplacement des poteaux en particulier. La note de renvoi aux mots « canalisations aériennes » ne parle que de l'interdiction de ces canalisations, mais la formule employée avec plusieurs lignes en blanc est volontairement d'une forme générale, et il y a le plus grand intérêt à introduire dans l'arrêté d'autorisation les précisions jugées nécessaires.

Toutefois, il y a lieu de remarquer que, s'il y a désaccord entre les services, l'article 14 de la loi et l'article 7 du décret du 3 avril 1908 prescrivent impérativement de soumettre l'affaire au Comité d'Electricité.

D'une manière générale, ces discussions de détail sur le fond des affaires doivent avoir lieu à propos des projets d'exécution soumis à l'approbation de l'Ingénieur en chef, car l'arrêté d'autorisation, donné en la forme indiquée le 25 octobre 1908, peut l'être sur le vu d'un simple avant-projet.

Demande. — Dans un autre système, pourrait-on admettre qu'en outre de l'autorisation dans la forme indiquée le 25 octobre 1908, le permissionnaire est tenu d'obtenir des autorisations particulières de voirie, tant du Préfet que des Maires ?

Réponse. — En tout cas, il n'y aura jamais lieu d'exiger des permissions spéciales de voirie, en plus de l'autorisation générale visée par la circulaire ministérielle du 25 octobre 1908 ; une telle manière de faire compliquerait encore la procédure, déjà si compliquée, et retarderait la solution des affaires.

Demande. — Quand une distribution a été établie en vertu d'une concession municipale, le concessionnaire étant dispensé de se pourvoir d'autorisation de voirie, l'Ingénieur en chef doit y suppléer lors de l'approbation des projets d'exécution.

Cette dérogation aux principes généraux soulève les mêmes objections que ci-dessus, et rien, dans les textes législatifs ou réglementaires ne paraît l'autoriser.

Réponse. — L'article 10 de la loi est formel :

« La concession confère à l'entrepreneur le droit d'exécuter sur les voies publiques et leurs dépendances tous travaux nécessaires à l'établissement et à l'entretien des ouvrages conformément aux conditions du cahier des charges, des règlements de voirie et des règlements d'administration publique prévus à l'article 18 de la loi. »

Dans ces conditions, comme il a été expliqué à propos de la première question, il appartient à l'Ingénieur en chef de spécifier, s'il y a lieu, certaines conditions particulières pour l'exécution des travaux au moment de l'approbation des projets.

Demande. — Au surplus, la circulaire ministérielle du 3 août 1908 paraît admettre une interprétation contraire, puisqu'elle subordonne l'occupation «... aux *autorisations* particulières requises par des règlements de voirie et... ».

Réponse. — Le mot *autorisations*, employé dans la circulaire, dans ce passage cité, n'est pas exact ; et il y a lieu de le remplacer par *conditions*, car la circulaire n'a voulu rappeler que l'article 10 de la loi, dont le texte est cité plus haut et qui porte bien : *les conditions des règlements de voirie.* Il s'agit donc des « conditions » auxquelles seront subordonnées les « autorisations » concernant l'exécution des travaux, qui seront données par l'Ingénieur en chef par application de l'article 34 du décret du 3 avril 1908.

Vous voudrez bien, lorsque vous croirez devoir provoquer de la part de l'Administration des renseignements sur l'interprétation de certains articles de la loi du 15 juin 1906 ou des règlements et circulaires rendus pour son application, vous abstenir de formuler, sans les éclairer par l'indication des espèces auxquelles elles se rapportent, des demandes d'un caractère général dont la solution, complexe et délicate, peut se trouver en défaut pour certains cas particuliers.

Louis BARTHOU.

Elagage des plantations.

Circulaire ministérielle et modèle d'arrêté préfectoral.

(1ᵉʳ Septembre 1909).

Le Ministre

à Monsieur le Préfet du département de.....

L'article 35 de l'arrêté du 21 mars 1908 dispose que, « sur les voies publiques empruntées par une distribution d'énergie électrique, l'élagage des arbres plantés en bordure de ces voies publiques, soit sur le sol des voies, soit sur les propriétés particulières, doit être effectué aussi souvent que la sécurité de la distribution l'exige ». Cet article ajoute que, « s'il en est requis par le service du Contrôle, l'entrepreneur de la distribution est tenu de procéder à cet élagage, en se conformant aux instructions du service de voirie ».

La question de l'élagage devant se poser dans tous les départements, il m'a paru utile, pour assurer par une procédure uniforme l'exécution des prescriptions de l'arrêté précité du 21 mars 1908, d'adopter un modèle d'arrêté réglementaire, auquel vous devrez vous conformer, lorsque vous aurez à prescrire l'élagage des arbres plantés en bordure des voies publiques empruntées par des canalisations électriques aériennes, soit sur le sol de ces voies, soit sur les propriétés particulières.

Ci-joint ce projet d'arrêté-type qui sera daté du 1ᵉʳ septembre 1909.

Il sera publié et affiché dans la forme ordinaire et inséré dans le *Recueil des Actes administratifs* de votre préfecture.

A. Millerand.

ARRÊTÉ

Le Préfet du département d.....

Vu la loi du 15 juin 1906 sur les distributions d'énergie électrique ;

Vu l'arrêté du Ministre des Travaux publics en date du 21 mars 1908, pris en exécution de l'article 19 de ladite loi ;

Vu notamment l'article 35 dudit arrêté ;

Vu l'article 2 de la section III de la loi du 22 décembre 1789-janvier 1790 ;

Considérant que, sur les voies publiques empruntées par une distribution d'énergie électrique, les branches des arbres plantés sur ces voies ou faisant saillie hors des propriétés riveraines peuvent nuire à la sécurité de la distribution, s'il n'est pas procédé en temps utile à leur élagage ;

ARRÊTE :

ARTICLE PREMIER.

Sur les voies publiques empruntées par les distributions d'énergie électrique dans le département d....., il sera procédé par l'entrepreneur de chaque distribution à l'élagage des arbres plantés en bordure de ces voies publiques, soit sur le sol de ces voies, soit sur les propriétés particulières, aussi souvent que la nécessité en sera reconnue par cet entrepreneur dans l'intérêt de la sécurité de la distribution, ou toutes les fois qu'il en sera requis par l'Ingénieur en chef du contrôle des distributions d'énergie électrique.

ART. 2.

Dans tous les cas, avant de commencer les travaux, l'entrepreneur doit en donner avis, huit jours au moins à l'avance :

Au service du Contrôle ;

Aux services de voirie intéressés ;

Aux propriétaires de toutes plantations devant être touchées par les travaux.

ART. 3.

Les intéressés sont tenus de permettre et de faciliter l'exécution des travaux.

ART. 4.

En cas d'opposition formulée par le service de voirie ou par un propriétaire dans un délai de huit jours, à partir de l'avertissement prévu à l'article 2 ci-dessus, et sur la demande de l'entrepreneur, l'exécution de l'élagage peut être ordonnée par l'Ingénieur en chef du contrôle, étant entendu que, par application de l'article 57 du décret du 3 avril 1908, l'entrepreneur de la distribution reste entièrement responsable de tous les dommages qui pourraient être causés par l'exécution de l'élagage.

ART. 5.

En cas d'urgence, l'entrepreneur peut procéder à l'exécution immédiate des travaux, à charge d'en aviser en même temps les intéressés.

ART. 6.

Les travaux d'élagage seront exécutés par l'entrepreneur de la distribution, en se conformant aux instructions des services de voirie et sans pénétrer dans les propriétés privées.

Art. 7.

Les produits de l'élagage des arbres plantés sur les propriétés particulières seront mis à la disposition des propriétaires, qui doivent les enlever dans un délai de quarante-huit heures.

Les produits de l'élagage des arbres plantés sur les voies publiques seront mis à la disposition des services de voirie et rangés, en se conformant à leurs indications.

Art. 8.

Les conditions des travaux d'élagage des plantations, en dehors de ceux qu'exige la sécurité des distributions d'énergie électrique, continuent d'être déterminées par les arrêtés spéciaux prévus par l'article 33 de l'arrêté réglementaire du 15 janvier 1907 sur les permissions de grande voirie.

Art. 9.

Expédition du présent arrêté sera adressé à M. l'Ingénieur en chef du contrôle des distributions d'énergie électrique, chargé d'en assurer l'exécution, à M. l'Ingénieur en chef du service ordinaire des Ponts et Chaussées, à M. l'Agent voyer en chef et à M. le Commandant de gendarmerie.

Il sera publié et affiché dans l'étendue du département.

A   , le 1er septembre 1909.

A. Millerand.

Contrôle communal.

CIRCULAIRE DE M. LE MINISTRE DES TRAVAUX PUBLICS, DES POSTES ET DES TÉLÉGRAPHES, RELATIVE A L'ORGANISATION DU CONTRÔLE DANS LES COMMUNES.

(8 Octobre 1909).

A MONSIEUR LE PRÉFET DU DÉPARTEMENT DE.....

L'article 16 de la loi du 15 juin 1906 prévoit que le contrôle de la construction et de l'exploitation des distributions d'énergie électrique est exercé, sous l'autorité du Ministre des Travaux publics, par les agents délégués par les municipalités, lorsqu'il s'agit de concessions données par les communes ou les syndicats de communes, ou de permissions de voirie pour les distributions n'empruntant que les voies vicinales ou urbaines.

Le décret du 17 octobre 1907, pris de concert entre les trois départements de l'Intérieur, de l'Agriculture et des Travaux Publics, a tracé les grandes lignes de l'organisation de ces services de contrôle municipaux; mais, en réalité, dans la plupart des communes, le contrôle n'a pas encore été organisé, parce que les frais de contrôle que les municipalités sont autorisées à percevoir sur les entreprises, en vertu des articles 11 et 12 de ce décret, seraient insuffisants pour rémunérer les agents spéciaux qu'elles chargeraient de ce service.

Cependant, ce contrôle est nécessaire et obligatoire. Aussi, à défaut d'agents communaux, ce sont les agents de l'Etat qui, en fait, l'exercent bénévolement, pour que l'instruction des affaires ne reste pas en souffrance et soit aussi complète que possible, et pour que les intérêts du public et des entrepreneurs ne se trouvent pas lésés. Mais cet état de choses, contraire aux dispositions de la loi de 1906, ne saurait se prolonger.

Je vous prie de vouloir bien rappeler aux maires l'obligation, qui leur est imposée par la loi, de constituer, pour les distributions établies sur le territoire de leur commune, dans les conditions ci-dessus établies, un service de contrôle qu'ils devront confier à des agents remplissant les conditions prescrites par l'arrêté ministériel du 27 décembre 1907, pris pour l'application de l'article 5 du décret du 17 octobre 1907.

3

Dans le cas où des communes se trouveraient dans l'impossibilité de recruter un personnel spécial à cet effet, je suis tout disposé, ainsi que vous l'a déjà fait connaître la circulaire du 18 octobre 1907, à autoriser les agents du contrôle de l'Etat à se mettre à la disposition des communes pour l'exercice du contrôle qui leur est attribué par la loi. Mais l'essentiel, je ne saurais trop insister sur ce point, est que les services de contrôle municipaux soient organisés et fonctionnent régulièrement dans le plus court délai possible.

Veuillez, en m'accusant réception de la présente circulaire, dont j'adresse ampliation aux Ingénieurs en chef du contrôle des distributions d'énergie électrique, me faire connaître les mesure que vous aurez prises en vue de son application.

Le Ministre des Travaux Publics,
des Postes et des Télégraphes,

A. MILLERAND.

DÉCRET portant application en Algérie, sous certaines réserves, de la loi du 15 juin 1906 sur les Distributions d'Energie électrique.

(Décret du 14 Octobre 1909).

Le Président de la République française,

Vu la loi du 15 juin 1906 sur les distributions d'énergie;

Vu les décrets des 17 octobre 1907, 3 avril 1908, 17 mai 1908 et 20 octobre 1908, portant règlements d'administration publique pour l'exécution de cette loi ;

Vu les décrets du 18 août 1897, du 30 décembre 1907, du 23 mars 1898, du 25 mai 1898 et du 12 octobre 1901, organisant les services des travaux publics, de l'hydraulique agricole, de l'agriculture, de l'enregistrement, des domaines et du timbre, et des postes et des télégraphes ; du 23 août 1898, organisant le gouvernement et la haute administration de l'Algérie ;

Vu l'avis du Conseil du Gouvernement de l'Algérie en date du 5 mars 1909 ;

Sur le rapport du Président du Conseil, Ministre de l'Intérieur et des Cultes, du Ministre des Travaux Publics, des Postes et des Télégraphes, du Ministre des Finances et du Ministre de l'Agriculture, d'après les propositions du Gouverneur général de l'Algérie ;

DÉCRÈTE :

Article premier. — Sont exécutoires en Algérie, sous les réserves indiquées aux articles 2 à 8 ci-après :

La loi du 15 juin 1906 sur les distributions d'énergie ;

Le décret du 17 octobre 1907, organisant le service du contrôle des distributions d'énergie électrique en exécution de l'article 18 (3°) de ladite loi ;

Le décret du 17 octobre 1907, portant fixation des redevances prévues par l'article 18 (7°) de ladite loi pour l'occupation du domaine public par les entreprises de distribution d'énergie ;

Le décret du 3 avril 1908, portant règlement d'administration publique pour les objets énoncés aux n°° 1°, 2°, 3°, 4°, 5°, 6° et 8° de ladite loi ;

Le décret du 17 mai 1908, portant approbation d'un cahier des charges-type pour la concession d'une distribution publique d'énergie électrique par une commune ou un syndicat de communes ;

Le décret du 20 août 1908, portant approbation d'un cahier des charges-type pour la concession d'une distribution publique d'énergie par l'Etat.

Art. 2. — Les pouvoirs attribués par ces lois et règlements au Ministre des Travaux Publics, des Postes et des Télégraphes, au Ministre de l'Intérieur, au Ministre des Finances et au Ministre de l'Agriculture sont exercés en Algérie par le Gouverneur général.

Art. 3. — Toutefois, lorsqu'il doit être statué par un décret, cet acte est, après instruction de l'affaire sur place par le Gouverneur général, préparé et contresigné par le Ministre des Travaux Publics et par le Ministre de l'Intérieur.

Art. 4. — Dans les cas où la consultation du Comité d'Electricité, institué auprès du Ministre des Travaux Publics, des Postes et des Télégraphes, est prescrit par la loi et les décrets, et dans les cas où le Gouverneur général reconnaît l'utilité de prendre l'avis de ce Comité, cette consultation est provoquée par les soins du Ministre, à qui le dossier est transmis à cet effet, et qui le renvoie ensuite au Gouverneur général avec l'avis du Comité.

Art. 5. — Lorsqu'il y aura lieu à expropriation, il y sera procédé conformément à la législation spéciale à l'Algérie.

Art. 6. — Par dérogation aux dispositions de l'article 13 du décret du 17 octobre 1907, organisant le service du contrôle des distributions d'énergie électrique, le tarif minimum des frais de contrôle prévus aux articles 9 et 11 dudit décret sera revisé au plus tard le 1ᵉʳ janvier 1912.

Art. 7. — Les cautionnements à verser par les concessionnaires de distribution d'énergie électrique pourront être constitués en obligations émises par le Gouvernement général de l'Algérie.

Art. 8. — Les extraits de carte à joindre aux demandes de permissions de voirie ou de concessions seront établis à l'échelle de 1/50.000.

Article 9. — Les Ministres de l'Intérieur, des Travaux Publics, des Postes et des Télégraphes, des Finances et de l'Agriculture sont chargés, chacun en ce qui le concerne, de l'exécution du présent décret, qui sera publié au *Journal officiel* de la République française et inséré au *Bulletin des Lois*, ainsi qu'au *Bulletin officiel* des actes du Gouvernement général de l'Algérie.

Fait à Rambouillet, le 14 octobre 1909.

A. FALLIÈRES.

Par le Président de la République :

Le Président du Conseil,
Ministre de l'Intérieur et des Cultes,

Aristide BRIAND.

Le Ministre des Travaux Publics,
des Postes et des Télégraphes,

A. MILLERAND.

Le Ministre des Finances,

Georges COCHERY.

Le Ministre de l'Agriculture,

J. RUAU.

Cahier des charges-type pour la concession par l'Etat d'une distribution d'énergie électrique aux Services Publics.

(Décret du 3o Novembre 1909).

Le Président de la République française,

Sur le rapport du Ministre des Travaux Publics, des Postes et des Télégraphes,

Vu la loi du 15 juin 1906 sur les distributions d'énergie, et notamment l'article 6 de cette loi ;

Le Conseil d'Etat entendu,

Décrète :

Art. 1er. — Est approuvé le cahier des charges ci-annexé, dressé en exécution de l'article 6 de la loi du 15 juin 1906, pour la concession par l'Etat d'une distribution d'énergie électrique aux services publics.

Art. 2. — Le Ministre des Travaux Publics, des Postes et des Télégraphes est chargé de l'exécution du présent décret, qui sera applicable à l'Algérie.

Fait à Paris, le 30 novembre 1909.

A. FALLIÈRES.

Par le Président de la République :

*Le Ministre des Travaux Publics, des Postes
et des Télégraphes,*

A. MILLERAND.

Cahier des charges-type pour la concession par l'Etat d'une distribution d'énergie électrique aux services publics.

CHAPITRE Ier. — OBJET DE LA CONCESSION.

Service concédé.

Art. 1er. — La présente concession a pour objet la distribution de l'énergie électrique aux services publics organisés en vue des transports en commun, de l'éclairage public ou privé, ou de la fourniture

de l'énergie aux particuliers sur le parcours compris entre..... et [1]
....., département....., en traversant les communes de....., département [1] de.....

. . . .

Droit d'utiliser les voies publiques.

Art. 2. — La concession confère au concessionnaire le droit d'établir
et d'entretenir, sur le parcours défini à l'article 1er, soit au-dessus, soit
au-dessous des voies publiques et de leurs dépendances, tous ouvrages
ou canalisations destinés à la distribution de l'énergie électrique, en
se conformant aux dispositions du présent cahier des charges, aux
règlements de voirie et aux décrets ou arrêtés intervenus en exécution
de la loi du 15 juin 1906.

Le concessionnaire ne pourra réclamer aucune indemnité pour le
déplacement ou la modification des ouvrages établis par lui sur les
voies publiques, lorsque ces changements seront requis par l'autorité
compétente pour un motif de sécurité publique ou dans l'intérêt de la
voirie.

Utilisation accessoire des ouvrages et canalisations.

Art. 3. — Le concessionnaire peut être autorisé par le Ministre des
Travaux Publics à faire usage des ouvrages de canalisations, établis
en vertu de la présente concession, pour fournir l'énergie à d'autres
services publics ou à des particuliers, sous la condition expresse qu'il
n'en résulte aucune entrave au bon fonctionnement de la distribution
définie à l'article 1er ci-dessus et que toutes les obligations du cahier
des charges soient remplies.

CHAPITRE II. — Travaux.

Approbation des projets.

Art. 4. — Les projets de tous les ouvrages dépendant de la concession devront être approuvés dans les formes prévues par la loi du
15 juin 1906 et par le décret du 3 avril 1908.

Ouvrages à établir pour la distribution.

Art. 5. — Le concessionnaire sera tenu d'établir à ses frais les
canalisations, sous-stations, postes de transformateurs, etc., nécessaires au transport de l'énergie depuis l'usine productrice et à sa
distribution.

---

1. Spécifier, d'une part, l'usine génératrice ou le poste d'où part la ligne, et, d'autre
part, soit la dernière commune à desservir, soit le poste de réception où la ligne principale doit se terminer.

Les ouvrages destinés à la production de l'énergie ne seront pas soumis aux dispositions du présent cahier des charges.

Toutefois, le concessionnaire sera tenu de construire et de maintenir en bon état de service une (ou plusieurs) usine (s) génératrice (s) d'une puissance totale d'au moins..... kilowatts. Cette (ou ces) usine (s), ainsi que les ouvrages la (ou les) reliant au réseau de distribution, feront partie de la concession [1].

Ouvrages et canalisations préexistants.

L'Etat met à la disposition du concessionnaire, qui accepte, l'ensemble des immeubles, canalisations, ouvrages, matériel et appareils constituant les installations de la distribution préexistante, suivant inventaire annexé au présent cahier des charges.

Cette mesure est consentie pour la durée de la concession, mais elle cessera de plein droit d'avoir son effet en cas de rachat ou de déchéance.

Le concessionnaire payera, pour l'usage des ouvrages de la distribution qui sont mis à sa disposition par l'Etat, une redevance annuelle de..... [2].

(Les paragraphes 3, 4, 5 et 6 de l'article 5 peuvent être maintenus ou rayés au choix de l'autorité concédante).

Délais d'exécution.

Art. 6. — Les projets des ouvrages et des lignes désignés sur le plan annexé au présent cahier des charges devront être présentés par le concessionnaire dans le délai de .... mois à partir de l'approbation définitive de la concession.

Les travaux seront commencés dans le délai de..... à dater de l'approbation des projets et poursuivis sans interruption, de manière à être achevés dans le délai de.....

Les autres lignes seront exécutées lorsqu'elles seront nécessaires pour l'accomplissement des obligations du concessionnaire.

---

1. L'Etat peut exiger que les usines dépendant de la concession soient en état de produire toute l'énergie nécessaire à la distribution ; dans ce cas, les deuxième et troisième alinéas de l'article 5 doivent être supprimés, et le premier alinéa doit être rédigé ainsi qu'il suit : « Le concessionnaire sera tenu d'établir à ses frais les ouvrages destinés à la production de l'énergie, à son transport et à sa distribution. Tous ces ouvrages feront partie intégrante de la concession. »

2. Les trois derniers alinéas de l'article 5 ne sont applicables que si l'Etat dispose, au moment de l'institution de la concession, d'un réseau de distribution déjà existant.

Dans ce cas, l'Etat peut mettre ce réseau à la disposition du concessionnaire à des conditions déterminées d'un commun accord. La redevance, s'il en est imposé une, peut être soit fixe, soit proportionnelle aux recettes brutes ou aux bénéfices réalisés par le concessionnaire.

Propriété des installations.

Art. 7. — Le concessionnaire sera tenu d'acquérir les machines et l'outillage nécessaires à l'exploitation [1].

Il pourra, à son choix, soit acquérir les terrains et établir à ses frais les constructions affectées au service de la distribution, soit les prendre en location.

Toutefois, il sera tenu d'acquérir en toute propriété et de construire les..... [2].

Pour l'établissement des ouvrages, l'Etat s'engage à mettre à la disposition du concessionnaire, moyennant..... [3].

(*Les paragraphes 3 et 4 de l'article 7 peuvent être maintenus ou rayés au choix de l'autorité concédante*).

Les baux ou contrats relatifs à toutes les locations d'immeubles seront communiqués au Préfet ; ils devront comporter une clause réservant expressément à l'Etat la faculté de se substituer au concessionnaire en cas de rachat ou de déchéance. Il en sera de même pour tous les contrats de fourniture d'énergie, si le concessionnaire achète le courant.

Nature et mode de production du courant [4].

Art. 8. — . . . . — . . . .

. . . .

Usines génératrices [5].

. . . .

. . . .

Sous-stations et postes de transformateurs [6].

. . . .

. . . .

---

1. Quand le concessionnaire est autorisé à ne pas produire lui-même l'énergie, le mot « l'exploitation » doit être remplacé par les mots « la distribution de l'énergie ».

2. L'Etat peut imposer au concessionnaire l'acquisition en toute propriété de tout ou partie des immeubles destinés à l'établissement des usines de production et des postes de transformation.

3. L'Etat peut autoriser, par le cahier des charges, le concessionnaire à occuper, dans des conditions déterminées, les parties du domaine public dont il a la disposition.

4. Indiquer la nature et le mode de production du courant distribué.

5. Lorsque l'acte de concession prévoit la construction d'usines génératrices faisant partie intégrante de la concession, l'article 8 détermine les conditions d'établissement de ces usines.

6. L'article 8 détermine également, s'il y a lieu, les conditions d'établissement de sous-stations et postes de transformateurs.

Tension du courant.

Art. 9. — La tension du courant au départ des usines, en service normal, ne doit jamais dépasser..... volts.

Fréquence.

La fréquence du courant distribué en service normal est fixé à..... périodes par seconde [1].

(Le paragraphe 2 de l'article 9 peut être maintenu ou rayé, au choix de l'autorité concédante).

Canalisations.

Art. 10. — Les canalisations souterraines seront placées directement dans le sol ; toutefois, elles pourront, sur la demande du concessionnaire, être placées dans des galeries accessibles, et elles devront l'être, lorsque les services de voirie l'exigeront. Sauf aux traversées des chaussées, elles seront toujours sous les trottoirs, à moins d'une autorisation spéciale.

A la traversée des chaussées fondées sur béton et des voies de tramways, les dispositions nécessaires seront prises pour que le remplacement des canalisations soit possible sans ouverture de tranchée.

Les canalisations aériennes . . . . [2].

(A l'article 10, peuvent être maintenus ou supprimés au choix de l'autorité concédante, toute la fin du paragraphe 1ᵉʳ, depuis le mot toutefois, et au paragraphe 3, les trois mots qui le composent).

CHAPITRE III. — TARIFS ET CONDITIONS DE SERVICE.

Tarif maximum.

Art. 11. — Les prix auxquels le concessionnaire est autorisé à vendre l'énergie électrique aux services définis à l'article 1ᵉʳ ne peuvent dépasser les maxima suivants [3] :

. . . .

---

1. Cet alinéa ne s'applique qu'en cas de distribution par courants alternatifs.

2. L'État peut interdire les canalisations aériennes ; lorsqu'elles sont autorisées, il convient d'indiquer si les canalisations peuvent être aériennes dans toute l'étendue de la concession, ou, sinon, dans quelles parties elles ne peuvent pas l'être.

L'État peut, en autorisant les canalisations aériennes, déterminer les conditions auxquelles sera soumis leur établissement.

3. Le cahier des charges peut fixer des maxima différents suivant les conditions de puissance, d'horaire, d'utilisation et de consommation ; il peut stipuler notamment des réductions pour les abonnés dépassant ou garantissant un minimum de consommation,

Établissements et associations assimilés aux services publics.

Art. 12. — Les établissements publics et les associations agricoles organisées par l'Administration, en vertu des lois du 16 septembre 1807, du 14 floréal an XI et du 8 avril 1898, ou autorisées en conformité des lois des 21 juin 1865-22 décembre 1888, sont assimilés aux services publics définis à l'article 1er ci-dessus, tant en ce qui concerne les tarifs qu'en ce qui concerne l'obligation imposée au concessionnaire par l'article 13 ci-après, de fournir l'énergie demandée et les conditions de la fourniture,

Obligation de consentir des abonnements sur tout le parcours
de la distribution.

Art. 13. — Sur tout le parcours défini à l'article 1er ci-dessus, le concessionnaire sera tenu de fournir l'énergie électrique, dans les conditions prévues au présent cahier des charges, à tout service public, rentrant dans les catégories énumérées audit article, dont l'Administration demandera à contracter un abonnement pour une durée d'au moins... et pour une puissance d'au moins .. kilowatts.

Le concessionnaire pourra exiger que le demandeur lui garantisse pendant... années une recette brute annuelle de... francs par kilowatt demandé.

Le délai dans lequel le concessionnaire devra commencer la fourniture du courant sera déterminé dans le traité d'abonnement, en tenant compte du temps nécessaire à l'exécution des travaux indispensables pour assurer le service du nouvel abonné.

En aucun cas, le concessionnaire ne pourra être astreint à dépasser la puissance maximum de... kilowatts pour l'énergie fournie aux services publics dont l'alimentation est obligatoire.

(Le paragraphe 4 de l'article 13 peut être maintenu ou rayé, au choix de l'autorité concédante).

Obligation d'étendre le réseau.

Art. 14. — Sont considérés comme situés sur le parcours de la distribution, pour l'application de l'article précédent, tous les services publics qui fonctionnent en totalité ou en partie dans une zone de... kilomètres, de chaque côté de la ligne principale de transport définie à l'article 1er ci-dessus et qui sont susceptibles d'être desservis au moyen d'un poste principal situé dans cette zone.

---

pour les abonnés utilisant le courant à des heures ou pendant des saisons déterminées, et, d'une manière générale, pour les abonnés acceptant des sujétions spéciales.

Les tarifs et les conditions du service peuvent être différents suivant la distance de l'usine génératrice au point de livraison du courant.

Postes de transformation et lignes secondaires.

Art. 15. — Les postes de transformation, ainsi que les lignes secondaires et les branchements ayant pour objet d'amener le courant aux abonnés, seront installés et entretenus par le concessionnaire et feront partie intégrante de la distribution.

Les frais d'installation des branchements seront remboursés au concessionnaire par les abonnés. En cas de désaccord, leur montant sera fixé à dire d'experts.

Compteurs.

Art. 16. — Les compteurs servant à mesurer les quantités d'énergie livrées aux abonnés par le concessionnaire seront posés, plombés et entretenus par celui-ci.

Chaque abonné aura la faculté de les fournir lui-même ou de demander au concessionnaire de les fournir en location.

Les conditions de location, de pose, plombage et entretien des compteurs, ainsi que l'étendue des écarts dans la limite desquels les compteurs seront considérés comme exacts, seront déterminées par le traité d'abonnement.

Vérification des compteurs.

Art. 17. — Le concessionnaire pourra procéder à la vérification des compteurs aussi souvent qu'il le jugera utile, sans que cette vérification donne lieu à son profit à aucune allocation en sus des frais d'entretien mentionnés à l'article précédent.

L'abonné aura toujours le droit de demander la vérification du compteur, soit par le concessionnaire, soit par un expert désigné d'un commun accord, ou, à défaut d'accord, désigné par l'Ingénieur en chef du contrôle des distributions d'énergie électrique. Les frais de vérification seront à la charge de l'abonné, si le compteur est reconnu exact, ou si le défaut d'exactitude est à son profit ; ils seront à la charge du concessionnaire, si le défaut d'exactitude est au détriment de l'abonné.

Traités d'abonnement.

Art. 18. — Les contrats pour la fourniture de l'énergie électrique seront établis dans la forme de traités d'abonnement, qui seront communiqués à l'Ingénieur en chef du contrôle des distributions d'énergie électrique.

Le Ministre des Travaux Publics, sur le rapport de l'Ingénieur en chef et après avis du Comité d'Electricité, aura la faculté de prescrire la suppression de toute clause en contradiction avec le présent cahier des charges ou accordant à un abonné des avantages qui ne seraient pas accordés aux autres abonnés placés dans les mêmes conditions de puissance, d'horaire, d'utilisation, de consommation et de durée d'abonnement.

Surveillance des installations reliées à la distribution.

Art. 19. — Le courant ne sera livré aux abonnés que s'ils se conforment, pour les installations reliées à la distribution, aux conditions qui leur seront imposées par le concessionnaire, avec l'approbation de l'Ingénieur en chef du contrôle, en vue soit d'éviter les troubles dans l'exploitation, soit d'empêcher l'usage illicite du courant.

Le concessionnaire sera autorisé, à cet effet, à vérifier, à toute époque, les installations de chaque abonné.

Si l'installation est reconnue défectueuse, le concessionnaire pourra se refuser à continuer la fourniture du courant. En cas de désaccord sur les mesures à prendre en vue de faire disparaître toute cause de danger ou de trouble dans le fonctionnement général de la distribution, il sera statué par l'Ingénieur en chef du contrôle, sauf recours au Ministre des Travaux Publics, qui décidera après avis du Comité d'Électricité.

En aucun cas, le concessionnaire n'encourra de responsabilité à raison des défectuosités des installations qui ne seront pas de son fait.

Conditions particulières du service.

Art. 20 [1]. — . . . .

. . . .

CHAPITRE IV. — Durée de la concession, rachat et déchéance.

Durée de la concession.

Art. 21. — La durée de la présente concession est fixée à... années [2] ; elle commencera à courir de la date de son approbation définitive [3].

Reprise des installations en fin de concession.

Art. 22. — A l'époque fixée pour l'expiration de la concession, l'Etat aura, moyennant un préavis de deux ans, la faculté de se subroger aux droits du concessionnaire et de prendre possession de tous les immeubles et ouvrages de la distribution et de ses dépendances.

---

1. L'article 20 indique si l'énergie doit être à la disposition des abonnés en permanence, ou si le service peut être normalement suspendu à des heures déterminées, qui peuvent être variables suivant les saisons. Il peut contenir, en outre, des conditions spéciales, qui seraient stipulées pour la fourniture de l'énergie à certaines catégories d'abonnés.

2. La durée ne peut être supérieure à cinquante ans.

3. Lorsque la concession a pour objet l'extension d'une concession déjà existante, elle doit prendre fin à la même date que la concession principale, et l'article 21 détermine la date d'expiration pour l'ensemble du réseau.

Si l'État use de cette faculté, les usines, sous-stations et postes de transformateurs, le matériel électrique et mécanique, ainsi que les canalisations et branchements faisant partie de la concession, lui seront remis gratuitement, et il ne sera attribué d'indemnité au concessionnaire que pour la portion du coût de ces installations qui sera considérée comme n'étant pas amortie. Cette indemnité sera égale aux dépenses, dûment justifiées, supportées par le concessionnaire pour l'établissement de ceux des ouvrages, ci-dessus énumérés, subsistant en fin de concession, qui auront été régulièrement exécutés pendant les n dernières années de la concession, sauf déduction pour chaque ouvrage de $1/n$ de sa valeur pour chaque année écoulée depuis son achèvement. L'indemnité sera payée au concessionnaire dans les six mois qui suivront l'expiration de la concession.

En ce qui concerne le mobilier et les approvisionnements, l'État se réserve le droit de les reprendre en totalité ou pour telle partie qu'il jugera convenable, mais sans pouvoir y être contraint. La valeur des objets repris sera fixée à l'amiable ou à dire d'experts, et payée au concessionnaire dans les six mois qui suivront leur remise à l'État.

Si l'État ne prend pas possession de la distribution, le concessionnaire sera tenu d'enlever à ses frais et sans indemnité toutes celles de ces installations qui se trouvent sur ou sous les voies publiques ; il pourra toutefois abandonner sans indemnité les canalisations souterraines, à condition qu'elles n'apportent aucune gêne aux services publics.

Dans tous les cas, l'État aura la faculté, sans qu'il en résulte un droit à une indemnité pour le concessionnaire, de prendre, pendant les six derniers mois de la concession, toutes mesures utiles pour assurer la continuité de la distribution de l'énergie en fin de concession, en réduisant au minimum la gêne qui en résultera pour le concessionnaire. Il pourra notamment, si les sous-stations et postes de transformateurs n'appartiennent pas en propre au concessionnaire, ou si celui-ci ne produit pas le courant dans les usines faisant partie de la concession, desservir directement les abonnés par des sous-stations ou postes de transformateurs nouveaux, en percevant à son profit le prix de vente de l'énergie, et, d'une manière générale, prendre toutes les mesures nécessaires pour effectuer le passage progressif de la concession ancienne à une concession ou à une entreprise nouvelle.

Rachat de la concession.

Art. 23. — A toute époque, l'État aura le droit de racheter la concession entière, moyennant un préavis de deux ans.

En cas de rachat, le concessionnaire recevra pour toute indemnité :

1° Pendant chacune des années restant à courir jusqu'à l'expiration de la concession, une annuité égale au produit net moyen de sept années d'exploitation précédant celle où le rachat sera effectué, déduction faite des deux plus mauvaises.

Le produit net de chaque année sera calculé en retranchant des recettes toutes les dépenses, dûment justifiées, faites pour l'exploitation du transport, y compris l'entretien et le renouvellement des ouvrages et du matériel, mais non compris les charges du capital, ni l'amortissement des dépenses de premier établissement.

Dans aucun cas, le montant de l'annuité ne sera inférieur au produit net de la dernière des sept années prises pour terme de comparaison ;

2° Une somme égale aux dépenses dûment justifiées, supportées par le concessionnaire pour l'établissement de ceux des ouvrages de la concession, subsistant au moment du rachat, qui auront été régulièrement exécutés pendant les n années précédant le rachat, sauf déduction pour chaque ouvrage de $1/n$ de sa valeur pour chaque année écoulée depuis son achèvement.

L'État sera également tenu de se substituer au concessionnaire pour l'exécution des contrats de fourniture d'énergie, passés conformément aux articles 1er, 12 et 13 du présent cahier des charges, ainsi que des engagements pris par lui en vue d'assurer la marche normale de l'exploitation, et de reprendre les approvisionnements en magasin ou en cours de transport, ainsi que le mobilier de la distribution ; la valeur des objets repris sera fixée à l'amiable ou à dire d'experts et sera payée au concessionnaire dans les six mois qui suivront leur remise à l'État.

Si le rachat a lieu avant l'expiration des vingt premières années de la concession, le concessionnaire pourra demander que l'indemnité, au lieu d'être calculée comme il est dit ci-dessus, soit égale aux dépenses réelles de premier établissement, y compris les frais de constitution de la société dans la limite d'un maximum de ... francs et les insuffisances qui se seraient produites depuis l'origine de la concession, si celle-ci remonte à moins de sept ans, et pendant les sept premières années de sa durée, si elle remonte à plus de sept ans. Ces insuffisances seront calculées pour chaque année en prenant la différence entre la recette brute et les charges énumérées ci-après : 1° frais d'exploitation ; 2° intérêt et amortissement des emprunts contractés pour l'établissement de la distribution ; 3° intérêt à 5 p. 100 des sommes fournies par le concessionnaire au moyen de ses propres ressources ou de son capital-actions.

Remise des ouvrages.

Art. 24. — En cas de rachat, ou en cas de reprise à l'expiration de la concession, le concessionnaire sera tenu de remettre à l'État tous les ouvrages et le matériel de la distribution en bon état d'entretien.

L'Etat pourra retenir, s'il y a lieu, sur les indemnités dues aux concessionnaires, les sommes nécessaires pour mettre en bon état toutes les installations.

Lorsque l'Etat usera de la faculté, à lui réservée, de reprendre les installations en fin de concession, il pourra se faire remettre les revenus de la distribution dans les deux dernières années qui précéderont le terme de la concession et les employer à rétablir en bon état les installations, si le concessionnaire ne se met pas en mesure de satisfaire pleinement et entièrement à cette obligation, et si le montant de l'indemnité à prévoir en raison de la reprise de la distribution par l'Etat, joint au cautionnement, n'est pas jugé suffisant pour couvrir les dépenses des travaux nécessaires.

Déchéance et mise en régie provisoire.

Art. 25. — Si le concessionnaire n'a pas présenté les projets d'exécution, ou s'il n'a pas achevé et mis en service les lignes de la distribution dans les délais et conditions fixées par le cahier des charges, il encourra la déchéance qui sera prononcée, après mise en demeure, par décret, sauf recours au Conseil d'État par la voie contentieuse.

Si la sécurité publique vient à être compromise, le Préfet, après avis de l'Ingénieur en chef du contrôle, prendra, aux frais et risques du concessionnaire, les mesures provisoires nécessaires pour prévoir tout danger. Il soumettra au Ministre des Travaux Publics les mesures qu'il aura prises à cet effet. Le Ministre prescrira, s'il y a lieu, les modifications à apporter à ces mesures, et adressera au concessionnaire une mise en demeure fixant le délai à lui imparti pour assurer la sécurité de l'exploitation.

Si l'exploitation vient à être interrompue en partie ou en totalité, il y sera également pourvu aux frais et risques du concessionnaire. Le Préfet soumettra immédiatement au Ministre des Travaux Publics les mesures qu'il compte prendre pour assurer provisoirement le service de la distribution. Le Ministre statuera sur ces propositions et adressera une mise en demeure fixant un délai au concessionnaire pour reprendre le service.

Si, à l'expiration du délai imparti dans les cas prévus aux deux alinéas qui précèdent, il n'a pas été satisfait à la mise en demeure, la déchéance pourra être prononcée.

La déchéance pourra également être prononcée, si le concessionnaire, après mise en demeure, ne reconstitue pas le cautionnement prévu à l'article 31 ci-après, dans le cas où des prélèvements auraient été effectués sur ce cautionnement en conformité des dispositions du cahier des charges.

La déchéance ne serait pas encourue, dans le cas où le concessionnaire n'aurait pu remplir ses obligations par suite de circonstances de force majeure dûment constatées.

Procédure en cas de déchéance.

Art. 26. — Dans le cas de déchéance, il sera pourvu, tant à la continuation et à l'achèvement des travaux qu'à l'exécution des autres engagements du concessionnaire, au moyen d'une adjudication, qui sera ouverte sur une mise à prix des projets, des terrains acquis, des ouvrages exécutés, du matériel et des approvisionnements.

Cette mise à prix sera fixée par le Ministre des Travaux Publics, sur la proposition du Préfet, le concessionnaire entendu.

Nul ne sera admis à concourir à l'adjudication s'il n'a, au préalable, été agréé par le Ministre des Travaux Publics, et s'il n'a fait, soit à la Caisse des dépôts et consignations, soit à la Trésorerie générale du département d............, un dépôt de garantie égal au montant du cautionnement prévu par le présent cahier des charges.

L'adjudication aura lieu suivant les formes indiquées aux articles 11, 12, 13, 15 et 16 de l'ordonnance royale du 10 mai 1829.

L'adjudicataire sera soumis aux clauses du présent cahier des charges et substitué aux droits et charges du concessionnaire évincé, qui recevra le prix de l'adjudication.

Si l'adjudication ouverte n'amène aucun résultat, une seconde adjudication sera tentée sans mise à prix après un délai de trois mois. Si cette seconde tentative reste également sans résultat, le concessionnaire sera définitivement déchu de tous droits ; les ouvrages et le matériel de la distribution, ainsi que les approvisionnements, deviendront sans indemnité la propriété de l'État.

CHAPITRE V. — Clauses diverses.

Redevances.

Art. 27. — Les redevances pour l'occupation du domaine public national ou départemental ne sont pas réglées par le cahier des charges ; elles sont fixées conformément aux articles 1er et 2 du décret du 17 octobre 1907.

Il en est de même des redevances pour l'occupation du domaine public communal, à moins que des accords spéciaux ne soient intervenus entre certaines communes et le concessionnaire, conformément à l'article 3 dudit décret.

États statistiques et contrôle des recettes.

Art. 28. — Le concessionnaire sera tenu de remettre chaque année à l'Ingénieur en chef du contrôle un compte rendu statistique de son exploitation.

Ce compte rendu sera établi conformément au modèle arrêté par le Ministre des Travaux Publics, après avis du Comité d'Électricité, et pourra être publié en tout ou en partie.

Décret portant nomination des membres de la Commission des distributions d'énergie électrique.

(29 Décembre 1910).

Aux termes d'un arrêté du 29 décembre 1910, sont nommés membres de la commission des distributions d'énergie électrique, pour les années 1911 et 1912 :

MM.

Jullien, inspecteur général des ponts et chaussées, président.
Doërr, inspecteur général des ponts et chaussées.
Chabert, inspecteur général des ponts et chaussées.
Résal, inspecteur général des ponts et chaussées.
Luneau, inspecteur général des ponts et chaussées.
Marion, inspecteur général des ponts et chaussées.
Bouvaist, inspecteur général des ponts et chaussées.
Ribière, ingénieur en chef des ponts et chaussées.
De Volontat, ingénieur en chef des ponts et chaussées.
Walckenaër, ingénieur en chef des mines.
Liénard, ingénieur en chef des mines.
Zacon, inspecteur départemental du travail.
Berthelot (André), administrateur délégué de la Compagnie du chemin de fer métropolitain de Paris.
Cordier, directeur général de la Société Énergie électrique du littoral méditerranéen.
Brylinski, sous-directeur de la Société du Triphasé.
Raclet, administrateur délégué de la Société lyonnaise des forces motrices du Rhône.

Seront attachés à la commission des distributions d'énergie électrique, pendant les années 1911 et 1912, pour remplir les fonctions ci-après désignées :

Secrétaire.

M. Monmerqué, ingénieur en chef des ponts et chaussées.

Secrétaires adjoints rapporteurs.

MM.

Blondel, ingénieur en chef des ponts et chaussées.
Ourson, ingénieur ordinaire des ponts et chaussées.
Oppenheim, ingénieur ordinaire des ponts et chaussées.
Le Gavrian, ingénieur ordinaire des ponts et chaussées.
Huet (Robert), ingénieur ordinaire des ponts et chaussées.
Girousse, ingénieur des télégraphes.

Décret portant nomination des membres du Comité permanent d'Électricité.

(9 janvier 1911).

Le Président de la République française,

Sur le rapport du Ministre des Travaux Publics, des Postes et des Télégraphes,

Vu les articles 16 et 20 de la loi du 15 juin 1906, sur les distributions d'énergie électrique ;

Vu le décret du 7 février 1906, modifié par décrets des 14 janvier et 15 juillet 1910.

Décrète :

Art. 1er. — Sont nommés membres du Comité permanent d'Électricité, pour les années 1911 et 1912 :

MM.

Berthelot (André), administrateur délégué de la Compagnie du Chemin de fer Métropolitain de Paris.

Boutan, directeur de la Compagnie du Gaz de Lyon.

Brachet, directeur du Service électrique des Champs-Élysées.

Brylinski, sous-directeur de la Société du Triphasé.

Cordier, directeur général de la Société d'Énergie électrique du littoral méditerranéen.

Équer, administrateur délégué de la Compagnie Générale Parisienne des Tramways.

Guillain, président du Conseil d'administration de la Compagnie Française pour l'exploitation des brevets Thomson-Houston.

Harlé, de la maison Sauter-Harlé et Cⁱⁿ.

Hillairet, ingénieur-constructeur.

Labour, directeur de la Société l'Éclairage électrique.

Meyer (Ferdinand), directeur de la Compagnie Continentale Édison.

Pavie, administrateur délégué de la Compagnie Générale Française de Tramways.

Picou, ingénieur des Arts et Manufactures.

Sartiaux (Albert), ingénieur en chef de l'Exploitation de la Compagnie du Chemin de fer du Nord.

Sée (Raymond), président de la Commission d'exploitation du Syndicat des Usines d'électricité.

Maringer, conseiller d'État, directeur de l'Administration départementale et communale au Ministère de l'Intérieur.

Michaux, membre du Comité consultatif de la vicinalité au Ministère de l'Intérieur.

Lauriol, ingénieur en chef des Services généraux d'éclairage de la ville de Paris.

Bélugou, ingénieur en chef à la Direction des Services télégraphiques de Paris.

Maureau, ingénieur en chef des Télégraphes.

Devaux-Charbonnel, ingénieur des Télégraphes.

Le colonel Bertrand, directeur du Matériel du génie à Paris.

Le chef de bataillon Ferrié, attaché à l'Établissement central du Matériel de télégraphie militaire.

Le chef d'escadron Cordier, de la Section technique de l'artillerie.

Dabat, directeur de l'Hydraulique et des améliorations agricoles au Ministère de l'Agriculture.

Tavernier (René), ingénieur en chef des Ponts et Chaussées, inspecteur général de l'Hydraulique agricole au Ministère de l'Agriculture.

Troté, ingénieur ordinaire faisant fonctions d'ingénieur en chef des Ponts et Chaussées, chef du Service technique hydraulique au Ministère de l'Agriculture.

De Préaudeau, inspecteur général des Ponts et Chaussées.

Monmerqué, ingénieur des Ponts et Chaussées.

Weiss, ingénieur en chef des Mines.

Art. 2. — Le Ministre des Travaux Publics, des Postes et des Télégraphes est chargé de l'exécution du présent décret.

Fait à Paris, le 9 janvier 1911.

A. FALLIÈRES.

Par le Président de la République :

Le Ministre des Travaux Publics, des Postes
et des Télégraphes,

L. PUECH.

Décret nommant le président, le vice-président, le secrétaire et les secrétaires adjoints du comité permanent d'électricité pour l'année 1911.

(9 Janvier 1911).

Le Ministre des Travaux Publics, des Postes et des Télégraphes,

Vu le décret du 7 février 1907, modifié par décrets des 14 janvier et 15 juillet 1910, sur l'organisation du comité permanent d'électricité;

Vu le décret du 9 janvier 1911, portant nomination des membres du comité pour les années 1911 et 1912;

Sur la proposition du directeur du personnel et de la comptabilité,

Arrête :

Art. 1er. — Sont nommés, pour l'année 1911 :

Président du comité permanent d'électricité, M. de Préaudeau, inspecteur général des ponts et chaussées.

Vice-président du comité permanent d'électricité : M. Guillain, président du conseil d'administration de la Compagnie française pour l'exploitation des brevets Thomson-Houston.

Secrétaire du comité permanent d'électricité : M. Monmerqué, ingénieur en chef des ponts et chaussées.

Art. 2. — MM. Ourson, ingénieur ordinaire des ponts et chaussées, et Girousse, ingénieur des télégraphes, sont attachés au comité permanent d'électricité, en qualité de secrétaires adjoints, pour l'année 1911.

Paris, le 9 janvier 1911.

L. Puech.

CIRCULAIRE DU MINISTRE DU TRAVAIL RELATIVE AU RÉGIME DE CONTRÔLE APPLICABLE AUX INSTALLATIONS ÉLECTRIQUES ÉTABLIES TEMPORAIREMENT SUR LES DÉPENDANCES DU DOMAINE PUBLIC.

(31 janvier 1911).

LE MINISTRE DU TRAVAIL ET DE LA PRÉVOYANCE SOCIALE
à Messieurs les Inspecteurs divisionnaires du Travail.

Le décret du 11 juillet 1907, sur la sécurité des travailleurs dans les établissements qui mettent en œuvre des courants électriques, n'est pas applicable, aux termes de son article 17, en dehors de l'enceinte des usines de production, aux distributions d'énergie électrique réglementées en vertu de la loi du 15 juin 1906.

L'application de cette loi étant assurée par le Ministre des Travaux publics, les principes d'après lesquels la compétence respective des deux départements ministériels doit être définie en matière de sécurité, au point de vue électricité, ont été définis dans la circulaire du 12 mai 1908.

La question s'est posée, depuis, de savoir le régime de contrôle qui doit être appliqué aux installations électriques établies, à titre temporaire, sur les dépendances du domaine public, comme celles des foires, fêtes publiques, fêtes locales, etc.

Cette question d'espèce a été tranchée, en ce qui concerne le Service des Ponts et Chaussées, par une décision de M. le Ministre des Travaux publics, en date du 23 septembre dernier, dont vous trouverez le texte p. 233. Je vous prie de vous inspirer également de cette décision pour la solution des questions de même nature que vous serez amené à examiner.

Il est d'ailleurs bien entendu que les ouvrages visés dans la décision ci-jointe, qui ne relèvent pas du contrôle du Service des Ponts et Chaussées, ne sont pas nécessairement soumis à la surveillance de l'Inspection du Travail; celle-ci n'a le contrôle de ces ouvrages que tant qu'ils dépendent d'établissements assujettis à la loi des 12 juin 1893-11 juillet 1903 et en ce qui concerne exclusivement la sécurité des travailleurs. (Décret du 11 juillet 1907).

Par contre, la compétence de la police, en ce qui concerne la surveillance des ouvrages précités, est beaucoup plus étendue, puisqu'elle n'est pas limitée aux établissements visés par la loi des 12 juin 1893 et 11 juillet 1903, et qu'elle peut intervenir, non seulement dans l'intérêt des travailleurs, mais aussi du public.

Dans ces conditions, le service de l'Inspection pourra n'intervenir spécialement, dans la surveillance des ouvrages dont il s'agit, que dans les cas où la sécurité du personnel serait particulièrement intéressée.

Je vous adresse ci-joint un nombre suffisant d'exemplaires de la présente circulaire, dont vous assurerez l'envoi aux Inspecteurs placés sous vos ordres.

Le Ministre du Travail
et de la Prévoyance sociale.

L. LAFFERRE.

Conditions techniques des Distributions d'énergie.

ARRÊTÉ DU MINISTRE DES TRAVAUX PUBLICS, DES POSTES ET DES TÉLÉGRAPHES, CONCERNANT LES DISPOSITIONS TECHNIQUES GÉNÉRALES APPLICABLES AUX OUVRAGES DE DISTRIBUTION D'ÉNERGIE ÉLECTRIQUE.

(21 Mars 1911).

Le Ministre des Travaux Publics, des Postes et des Télégraphes,

Vu la loi du 15 juin 1906 sur les distributions d'énergie et notamment les articles 2, 4 et 19 de ladite loi ;

Vu les avis du Comité d'électricité, du Comité de l'exploitation technique des chemins de fer et du Conseil général des ponts et chaussées.

Sur la proposition du conseiller d'État, directeur des mines, des voies ferrées, d'intérêt local et des distributions d'énergie électrique ;

Arrête :

CHAPITRE Ier

DISPOSITIONS TECHNIQUES GÉNÉRALES APPLICABLES AUX OUVRAGES DES DISTRIBUTIONS D'ÉNERGIE ÉLECTRIQUE.

Section I. — Classement des distributions et prescriptions générales relatives à la sécurité.

Classement des distributions en deux catégories.

Art. 1er. — Les distributions d'énergie électrique doivent comporter des dispositifs de sécurité en rapport avec la plus grande tension de régime existant entre les conducteurs et la terre [1].

---

1. Dans les distributions triphasées, cette tension est évaluée par rapport au point neutre supposé à la terre.

Suivant cette tension, les distributions d'énergie électrique sont divisées en deux catégories.

1re catégorie.

A. *Courant continu.* — Distributions dans lesquelles la plus grande tension de régime entre les conducteurs et la terre ne dépasse pas 600 volts.

B. *Courant alternatif.* — Distributions dans lesquelles la plus grande tension efficace entre les conducteurs et la terre ne dépasse pas 150 volts.

2e catégorie.

Distributions comportant des tensions respectivement supérieures aux tensions ci-dessus.

Prescriptions générales relatives à la sécurité.

Art. 2. — Les dispositions techniques adoptées pour les ouvrages de distribution, ainsi que les conditions de leur exécution, doivent assurer d'une façon générale le maintien de l'écoulement des eaux, de l'accès des maisons et des propriétés, des communications télégraphiques et téléphoniques, de la liberté et la sûreté de la circulation sur les voies publiques empruntées, la protection des paysages, ainsi que la sécurité des services publics, celle du personnel de la distribution et celle des habitants des communes traversées.

Section II. — Canalisations aériennes.

Supports.

Art. 3. — § 1er. Les supports en bois doivent être prémunis contre les actions de l'humidité et du sol.

§ 2. Dans le cas où les supports sont munis d'un fil de terre, ce fil est pourvu, sur une hauteur minimum de 3 mètres à partir du sol, d'un dispositif le plaçant hors d'atteinte.

§ 3. Tous les supports sont numérotés.

§ 4. Dans les distributions de deuxième catégorie, les pylônes et poteaux métalliques sont pourvus d'une bonne communication avec le sol.

§ 5. Dans la traversée des voies publiques, les supports doivent être aussi rapprochés que possible.

Isolateurs.

Art. 4. — Les isolateurs employés pour les distributions de la deuxième catégorie doivent être essayés dans les conditions ci-après :

Lorsque la tension à laquelle est soumis l'isolateur en service normal est inférieure ou égale à 10.000 volts, la tension d'essai est triple de la tension en service ;

Lorsque la tension de service normal est supérieure à 10.000 volts, la tension d'essai est égale à 30.000 volts, plus deux fois l'excès de la tension de service sur 10.000 volts.

Conducteurs.

Art. 5. — § 1er. Les conducteurs doivent être placés hors de la portée du public.

§ 2. Le point le plus bas des conducteurs et fils de toute nature doit être :

a) Pour les distributions de la première catégorie, à 6 mètres au moins le long et à la traversée des voies publiques ;

b) Pour les distributions de la deuxième catégorie, à 6 mètres au moins le long des voies publiques, à 8 mètres au moins dans les traversées de ces voies.

Néanmoins, des canalisations aériennes pourront être établies à moins de 6 mètres de hauteur, à la traversée des ouvrages construits au dessus des voies publiques, à la condition de comporter, dans toute la partie à moins de 6 mètres de hauteur, un dispositif de protection spécial en vue de sauvegarder la sécurité.

§ 3. Le diamètre de l'âme métallique des conducteurs d'énergie ne peut être inférieur à 3 millimètres. Toutefois, ce diamètre peut être abaissé à 2 millimètres pour les branchements particuliers ou de canalisations d'éclairage public de la première catégorie, qui ne croisent pas des lignes télégraphiques ou téléphoniques placées au-dessous.

§ 4. Dans la traversée d'une voie publique, l'angle de la direction des conducteurs et de l'axe de la voie est égal au moins à 30 degrés.

§ 5. Dans la traversée et dans les portées contiguës, il ne doit y avoir sur les conducteurs ni épissures, ni soudures ; les conducteurs sont arrêtés sur les isolateurs des supports de la traversée et sur les isolateurs des supports des portées contiguës.

§ 6. Dans les distributions de deuxième catégorie, les dispositions suivantes doivent être appliquées :

a) Les poteaux et pylônes sont munis, à une hauteur d'au moins 2 mètres au-dessus du sol, d'un dispositif spécial, pour empêcher autant que possible, le public d'atteindre les conducteurs ;

b) Les mesures nécessaires sont prises pour que, dans les traversées et sur les appuis d'angle, les conducteurs d'énergie électrique, au cas où ils viendraient à abandonner l'isolateur, soient encore retenus et ne risquent pas de traîner sur le sol ou de créer des contacts dangereux ;

c) Chaque support porte l'inscription : « *Danger de mort* » en gros caractères, suivis des mots : « *Défense absolue de toucher aux fils, même tombés à terre.* »

§ 7. Dans la traversée des agglomérations, les conducteurs sont placés à 1 mètre au moins des façades et, en tous cas, hors de la portée des habitants.

Si les conducteurs longent un toit en pente ou s'ils passent au-dessus, ils doivent en être distants de 1^m,50 au moins, s'ils sont de la première catégorie, et de 2 mètres au moins, s'ils sont de la deuxième catégorie.

Si le toit est en terrasse, les conducteurs doivent en être distants de 3 mètres au moins, qu'ils appartiennent à la première ou à la deuxième catégorie.

Résistance mécanique des ouvrages.

Art. 6. — § 1er. Pour les conducteurs, fils, supports, ferrures, etc., la résistance mécanique des ouvrages est calculée en tenant compte à la fois des charges permanentes que les organes ont à supporter et de la plus défavorable, en l'espèce, des deux combinaisons de charges accidentelles résultant des circonstances ci-après :

a) Température moyenne de la région avec vent horizontal de 120 kilogrammes de pression par mètre carré de surface plane, ou de 72 kilogrammes par mètre carré de section longitudinale, des pièces à section circulaire ;

b) Température minimum de la région avec vent horizontal de 30 kilogrammes par mètre carré de surface plane, ou de 18 kilogrammes par mètre carré de section longitudinale, des pièces à section circulaire.

Les calculs justificatifs font ressortir le coefficient de sécurité de tous les éléments, c'est-à-dire le rapport entre l'effort correspondant à la charge de rupture et l'effort le plus grand auquel chaque élément peut être soumis.

§ 2. Dans les distributions de la deuxième catégorie, le coefficient de sécurité des ouvrages, dans les parties de la distribution établies longitudinalement sur le sol des voies publiques, doit être au moins égal à trois.

Dans les parties des mêmes distributions établies dans les agglomérations ou traversant les voies publiques, la valeur du coefficient de sécurité est portée au moins à cinq.

Distributions de deuxième catégorie desservant plusieurs agglomérations.

Art. 7. — Dans les distributions de deuxième catégorie desservant un certain nombre d'agglomérations distantes les unes des autres, l'entrepreneur de la distribution est tenu d'établir, entre chaque agglomération importante desservie et l'usine de production de l'énergie ou le poste le plus voisin, un moyen de communication directe.

L'entrepreneur de la distribution est dispensé de la prescription énoncée ci-dessus, s'il a établi, à l'entrée de chaque agglomération importante, un appareil permettant de couper le courant toutes les fois qu'il est nécessaire.

Section III. — Canalisations souterraines.

Conditions générales d'établissement des conducteurs souterrains.

Art. 8. — § 1ᵉʳ. Protection mécanique.

Les conducteurs d'énergie électrique souterrains doivent être protégés mécaniquement contre les avaries que pourraient leur occasionner le tassement des terres, le contact des corps durs ou le choc des outils en cas de fouille.

§ 2. Conducteurs électriques placés dans une conduite métallique.

Dans tous les cas où les conducteurs d'énergie électrique sont placés dans une enveloppe ou conduite métallique, ils sont isolés avec le même soin que s'ils étaient placés directement dans le sol.

§ 3. Précautions contre l'introduction des eaux.

Les conduites contenant des câbles sont établies de manière à éviter autant que possible l'introduction des eaux. Des précautions sont prises pour assurer la prompte évacuation des eaux, au cas où elles viendraient à s'y introduire accidentellement.

Voisinage des conduites de gaz.

Art. 9. — Lorsque, dans le voisinage de conducteurs d'énergie électrique placés dans une conduite, il existe des canalisations de gaz, les mesures nécessaires doivent être prises pour assurer la ventilation régulière de la conduite renfermant les câbles électriques et éviter l'accumulation des gaz.

Regards.

Art. 10. — Les regards affectés aux canalisations électriques ne doivent pas renfermer de tuyaux d'eau, de gaz ou d'air comprimé.

Dans le cas de canalisation en conducteurs nus, les regards sont disposés de manière à pouvoir être ventilés.

Les conducteurs d'énergie électrique sont convenablement isolés par rapport aux plaques de fermeture des regards.

Section IV. — Sous-stations, postes de transformateurs
et installations diverses.

Prescriptions générales pour l'installation des moteurs
et appareils divers.

Art. 11. — § 1ᵉʳ. Toutes les pièces saillantes mobiles et autres parties dangereuses des machines, et notamment les bielles, roues, volants, les courroies et câbles, les engrenages, les cylindres et cônes de friction ou tous autres organes de transmission qui seraient reconnus dangereux, sont munis de dispositifs protecteurs, tels que gaines et chéneaux de bois ou de fer, tambours pour les courroies et les bielles, ou de couvre-engrenages, garde-mains, grillages.

Sauf le cas d'arrêt du moteur, le maniement des courroies est toujours fait par le moyen de systèmes tels que monte-courroie, porte-courroie, évitant l'emploi direct de la main.

On doit prendre, autant que possible, des dispositions telles qu'aucun ouvrier ne soit habituellement occcupé à un travail quelconque, dans le plan de la rotation ou aux abords immédiats d'un volant, ou de tout autre engin pesant et tournant à grande vitesse.

§ 2. La mise en train et l'arrêt des machines sont toujours précédés d'un signal convenu.

§ 3. Des dispositifs de sûreté sont installés dans la mesure du possible pour le nettoyage et le graissage des transmissions et mécanismes en marche.

§ 4. Les monte-charges, ascenseurs, élévateurs sont guidés et disposés de manière que la voie de la cage du monte-charges et des contre-poids soit fermée ; que la fermeture du puits à l'entrée des divers étages ou galeries s'effectue automatiquement ; que rien ne puisse tomber du monte-charges dans le puits.

Pour les monte-charges destinés à transporter le personnel, la charge est calculée au tiers de la charge admise pour le transport des marchandises, et les monte-charges sont pourvus de freins, chapeaux, parachutes ou autres appareils préservateurs.

Les appareils de levage portent l'indication du maximum de poids qu'ils peuvent soulever.

§ 5. Les puits, trappes et ouvertures sont pourvus de solides barrières ou garde-corps.

§ 6. Dans les locaux où le sol et les parois sont très conducteurs, soit par construction, soit par suite de dépôts salins ou par suite de l'humidité, on ne doit jamais établir, à la portée de la main, des conducteurs ou des appareils placés à découvert.

*Prescriptions relatives aux moteurs, transformateurs et appareils
de la deuxième catégorie.*

Art. 12. — § 1er. Les locaux non gardés, dans lesquels sont installés des transformateurs de deuxième catégorie, doivent être fermés
à clef.

Des écriteaux très apparents sont apposés partout où il est nécessaire, pour prévenir le public du danger d'y pénétrer.

§ 2. Si une machine ou un appareil électrique de la deuxième catégorie se trouve dans un local ayant en même temps une autre des-
tination, la partie du local affectée à cette machine ou à cet appareil
est rendue inaccessible, par un garde-corps ou un dispositif équivalent,
à toute personne autre que celle qui en a la charge. Une mention
indiquant le danger doit être affichée en évidence.

§ 3. Les bâtis et pièces conductrices non parcourus par le courant,
qui appartiennent à des moteurs et transformateurs de la deuxième
catégorie, sont reliés électriquement à la terre ou isolés électriquement
du sol. Dans ce dernier cas, les machines sont entourées par un plancher de service non glissant, isolé du sol et assez développé pour qu'il
ne soit pas possible de toucher à la fois à la machine et à un corps
conducteur quelconque relié au sol.

La mise à la terre ou l'isolement électrique est constamment maintenu en bon état.

§ 4. Les passages ménagés pour l'accès aux machines et appareils
de la deuxième catégorie placés à découvert ne peuvent avoir moins
de 2 mètres de hauteur ; leur largeur, mesurée entre les machines,
conducteurs ou appareils eux-mêmes, aussi bien qu'entre ceux-ci et
les parties métalliques de la construction, ne doit pas être inférieure
à 1 mètre.

*Installation des canalisations à l'intérieur des sous-stations et postes
de transformateurs.*

Art. 13. — § 1er. A l'intérieur des sous-stations et postes de transformateurs, les canalisations nues de la deuxième catégorie doivent
être établies hors de la portée de la main, sur des isolateurs convenablement espacés, et être écartées des masses métalliques, telles que
piliers et colonnes, gouttières, tuyaux de descente, etc.

Les canalisations nues de la première catégorie, qui sont à portée
de la main, doivent être signalées à l'attention par une marque bien
apparente.

Les enveloppes des autres canalisations doivent être convenablement
isolantes.

§ 2. Des dispositions doivent être prises pour éviter l'échauffement
anormal des conducteurs, à l'aide de coupe-circuits, fusibles ou autres
dispositifs équivalents.

§ 3. Toute installation reliée à un réseau comportant des lignes aériennes de plus de 500 mètres doit être suffisamment protégée contre les décharges atmosphériques.

Tableaux de distribution.

Art. 14. — *A*. Distributions de la première catégorie :

Sur les tableaux de distribution de courants appartenant à la première catégorie, les conducteurs doivent présenter les isolements et les écartements propres à éviter tout danger.

B. Distributions de la deuxième catégorie :

§ 1er. Sur les tableaux de distribution portant sur leur face avant (où se trouvent les poignées de manœuvre et les instruments de lecture) des appareils et pièces métalliques de la deuxième catégorie, le plancher de service doit être isolé électriquement et établi dans les conditions indiquées à l'article 12.

§ 2. Quand des pièces métalliques ou appareils de la deuxième catégorie sont établis à découvert sur la face arrière du tableau, un passage entièrement libre, de 1 mètre de largeur et de 2 mètres de hauteur au moins, est réservé derrière lesdits appareils et pièces métalliques ; l'accès de ce passage est défendu par une porte fermant à clef, laquelle ne peut être ouverte que par ordre du chef de service ou par ses préposés à ce désignés ; l'entrée en sera interdite à toute autre personne.

§ 3. Tous les conducteurs et appareils de la deuxième catégorie doivent, notamment sur les tableaux de distribution, être nettement différenciés des autres par une marque très apparente (une couche de peinture, par exemple).

Locaux des accumulateurs.

Art. 15. — Dans les locaux où se trouvent des batteries d'accumulateurs, toutes les précautions sont prises pour éviter l'accumulation de gaz détonants; la ventilation de ces locaux doit assurer l'évacuation continue des gaz dégagés.

Les lampes à incandescence employées dans ces locaux sont à double enveloppe.

Éclairage de secours.

Art. 16. — Les salles des sous-stations doivent posséder un éclairage de secours en état de fonctionner en cas d'arrêt du courant.

Mise à la terre des colonnes et autres pièces métalliques des sous stations et postes de transformateurs.

Art. 17. — Les colonnes, les supports et, en général, toutes les pièces métalliques des sous-stations et postes de transformateurs qui risqueraient d'être soumis à une tension de la deuxième catégorie doivent être convenablement reliés à la terre.

Section V. — Branchements particuliers.

Prescriptions générales.

Art. 18. — Les branchements particuliers doivent être munis de dispositifs d'interruption, auxquels l'entrepreneur de la distribution doit avoir accès en tout temps.

Canalisations aériennes.

Art. 19. — Les conducteurs aériens formant branchements particuliers doivent être protégés dans toutes les parties où ils sont à la portée des personnes.

Canalisations souterraines.

Art. 20. — Les conducteurs souterrains d'énergie électrique formant branchements particuliers doivent être recouverts d'un isolant protégé mécaniquement, d'une façon suffisante, soit par l'armature du câble conducteur, soit par des conduites en matière résistante et durable.

CHAPITRE II

DISPOSITIONS SPÉCIALES APPLICABLES AUX OUVRAGES DE DISTRIBUTION DANS LA TRAVERSÉE DES COURS D'EAU, DES CANAUX DE NAVIGATION ET DES LIGNES DE CHEMINS DE FER, AINSI QU'AUX OUVRAGES SERVANT A LA TRACTION PAR L'ÉLECTRICITÉ.

Prescriptions générales.

Art. 21. — Les prescriptions du chapitre 1er sont applicables aux parties des distributions d'énergie électrique traversant les fleuves, les rivières navigables ou flottables, les canaux de navigation ou les chemins de fer, ainsi qu'aux ouvrages servant à la traction par l'électricité, sous réserve de dispositions spéciales énoncées au présent chapitre.

Section I. — Traversée des cours d'eau et des canaux de navigation par des canalisations aériennes.

Hauteur des conducteurs.

Art. 22. — § 1er. A la traversée des cours d'eau navigables et des canaux de navigation, la hauteur minimum des conducteurs au-dessus du plan d'eau est fixée, dans chaque cas, suivant la nature des bateaux fréquentant ces rivières et le mode de navigation.

Cette hauteur ne peut être inférieure à 8 mètres au-dessus des plus hautes eaux navigables. Toutefois, dans les bras où la navigation est impraticable, elle peut être réduite à 3 mètres au-dessus des plus hautes eaux.

§ 2. La même hauteur minimum de 8 mètres est applicable à la traversée des autres rivières du domaine public, mais elle peut être réduite à la traversée des cours d'eau classés comme flottables, lorsque le flottage n'est pas effectivement pratiqué, sous réserve que cette hauteur ne sera pas inférieure à 3 mètres au-dessus des plus hautes eaux.

Coefficient de sécurité de l'installation dans la traversée des cours d'eau et des canaux de navigation.

Art. 23. — Le coefficient de sécurité de l'installation, dans la traversée des cours d'eau navigables et des canaux de navigation, est au moins égal à cinq, et, pour la traversée des autres rivières du domaine public, au moins égal à trois.

Le même coefficient trois est applicable aux installations faites sur les dépendances des cours d'eau et des canaux qui ne sont pas ouvertes à la circulation publique, et, en particulier, sur les emplacements réservés au halage.

Section II. — Traversée des lignes de chemins de fer.

Dispositions générales.

Art. 24. — § 1er. Pour traverser un chemin de fer, toute canalisation électrique doit, de préférence, emprunter un ouvrage d'art (passage supérieur ou passage inférieur), et, autant que possible, ne pas franchir cet ouvrage en diagonale.

A défaut de pouvoir, en raison de circonstances locales, emprunter un ouvrage d'art, la canalisation doit, autant que possible, effectuer la traversée en un point de moindre largeur de l'emprise du chemin de fer.

§ 2. La ligne dont fait partie la canalisation traversant le chemin de fer doit pouvoir être coupée du reste de la distribution et isolée de tout générateur possible de courant.

§ 3. Des dispositions spéciales devront être prises, quand il y aura lieu, pour la protection des ouvrages traversés, notamment lorsqu'ils comporteront des parties métalliques.

Canalisations aériennes.

Art. 25. — § 1er. Toute canalisation aérienne, qui n'emprunte pas un ouvrage d'art, doit franchir les voies ferrées autant que possible d'une seule portée et suivant une direction aussi voisine que possible de la normale à ces voies, et, en tous cas, sous un angle d'au moins 60 degrés, à moins qu'elle ne soit établie le long d'une voie publique traversant la voie ferrée sous un angle moindre. Son point le plus bas doit être situé à 7 mètres au moins de hauteur au-dessus du rail le plus haut ; elle doit être établie à 2 mètres au moins de distance, dans le sens vertical, du conducteur électrique préexistant le plus voisin.

§ 2. Les supports de la traversée doivent être distants chacun d'au moins 3 mètres du bord extérieur du rail le plus voisin, et placés autant que possible en dehors des lignes de conducteurs électriques existant le long des voies.

§ 3. Les supports de la traversée sont encastrés dans un massif de maçonnerie et constitués de façon assez solide pour pouvoir, en cas de rupture de tous les fils les sollicitant d'un côté, résister à la traction qu'exerceraient sur eux les fils subsistant de l'autre côté, à moins que l'entrepreneur n'ait fait agréer une disposition équivalente au point de vue de la sécurité.

§ 4. En outre des prescriptions indiquées au chapitre Ier, notamment en ce qui concerne les traversées, chaque conducteur est relié, sur chacun de ses supports, à deux isolateurs.

§ 5. A chacun des supports, et à 50 centimètres au moins, des isolateurs dans la portée de la traversée, est fixé un cadre métallique relié à la terre, que traverse tout le faisceau des conducteurs, afin qu'en cas de rupture d'un ou plusieurs isolateurs ou conducteurs, ce ou ces conducteurs soient mis à la terre.

§ 6. Les supports métalliques sont pourvus d'une bonne communication avec le sol.

§ 7. Le coefficient de sécurité de l'installation constituant la traversée, calculée conformément aux indications de l'article 6 ci-dessus, est au moins égal à cinq pour les maçonneries des fondations et pour les organes des supports, et à dix pour les conducteurs. Dans l'hypothèse de la rupture de tous les conducteurs placés d'un même côté, le coefficient de sécurité de l'installation doit être au moins égal à 1,25.

§ 8. Dans les distributions de deuxième catégorie :

a) Il n'est pas fait usage de poteaux en pylônes en bois dans la traversée et les portées immédiatement contiguës ;

b) Le diamètre de l'âme métallique des conducteurs d'énergie ne peut être inférieur à 4 millimètres, quand la portée de ces conducteurs dans la traversée est au plus de 40 mètres, et à 5 millimètres, quand cette portée est supérieure à 40 mètres.

Le diamètre pourra, toutefois, être inférieur aux minima ci-dessus indiqués, si la traversée est constituée par des conducteurs doublés, pourvu que le coefficient de sécurité de l'ensemble de ces conducteurs doublés soit au moins égal à celui qu'assurerait l'emploi de conducteurs simples ayant les diamètres minima fixés par l'alinéa précédent.

Pour les communes avec lesquelles des accords auront été passés conformément à l'article 27 ci-dessus, le concessionnaire devra, en outre, adresser à l'Ingénieur en chef du contrôle, dans le courant du premier trimestre de chaque année, l'état des recettes réalisées pendant l'année précédente.

L'Ingénieur en chef aura le droit de contrôler ces états ; à cet effet, les agents du contrôle dûment accrédités pourront se faire présenter toutes pièces de comptabilité nécessaires pour leur vérification.

Impôts et droits d'octroi.

Art. 29. — Tous les impôts établis ou à établir par l'État, les départements ou les communes, y compris les impôts relatifs aux immeubles de la distribution, seront à la charge du concessionnaire.

Pénalités.

Art. 30. — Faute par le concessionnaire de remplir les obligations qui lui sont imposées par le présent cahier des charges, des amendes pourront lui être infligées, sans préjudice, s'il y a lieu, de dommages et intérêts envers les tiers intéressés. Les amendes seront prononcées au profit de l'État par le Préfet, après avis de l'Ingénieur en chef du contrôle. Les amendes seront appliquées dans les conditions suivantes :

En cas d'interruption générale non justifiée du courant, amende de... par heure d'interruption ;

En cas de manquement aux obligations imposées par les articles 6, 9, 13, 14 et 28 du présent cahier des charges, et par chaque infraction, amende de... par jour, jusqu'à ce que l'infraction ait cessé [1].

Cautionnement.

Art. 31. — Avant la signature de l'acte de concession, le concessionnaire déposera, soit à la Caisse des dépôts et consignations, soit à la Trésorerie générale du département d.........., une somme de..... en numéraire ou en rentes sur l'État, en obligations garanties par l'État, ou en bons du Trésor, dans les conditions prévues par les lois et règlements pour les cautionnements en matière de travaux publics.

La somme ainsi versée formera le cautionnement de l'entreprise.

Sur le cautionnement seront prélevés le montant des amendes stipulées à l'article 30, ainsi que les dépenses faites en raison des mesures prises, aux frais du concessionnaire, pour assurer la sécurité publique ou la reprise de l'exploitation en cas de suspension, conformément aux prescriptions du présent cahier des charges.

---

1. Les amendes prévues peuvent n'être pas les mêmes pour les infractions aux divers articles mentionnés dans ce paragraphe.

4

Toutes les fois qu'une somme quelconque aura été prélevée sur le cautionnement, le concessionnaire devra le compléter à nouveau dans un délai de quinze jours, à dater de la mise en demeure qui lui sera adressée à cet effet.

La moitié du cautionnement sera restituée au concessionnaire après achèvement de la ligne principale définie à l'article 1ᵉʳ ci-dessus; l'autre moitié lui sera restituée en fin de concession. Toutefois, en cas de déchéance, la partie non restituée du cautionnement restera définitivement acquise à l'Etat.

Agents du concessionnaire.

Art. 32. — Les agents et gardes que le concessionnaire aura fait assermenter pour la surveillance et la police de la distribution et de ses dépendances seront porteurs d'un signe distinctif et seront munis d'un titre constatant leurs fonctions.

Cession ou modification de la concession.

Art. 33. — Toute cession partielle ou totale de la concession, tout changement de concessionnaire ne pourront avoir lieu, à peine de déchéance, qu'en vertu d'une autorisation donnée par le Préfet ou par le Ministre des Travaux Publics, suivant les conditions établies par l'article 7, paragraphe 1ᵉʳ, de la loi du 15 juin 1906.

Jugement des contestations.

Art. 34. — Les contestations qui s'élèveraient entre le concessionnaire et l'Administration, au sujet de l'exécution et de l'interprétation des clauses du présent cahier des charges, seront jugées par le Conseil de Préfecture du département d............, sauf recours au Conseil d'État.

Élection de domicile.

Art. 35. — Le concessionnaire devra faire élection de domicile à......

Dans le cas où il ne l'aurait pas fait, toute notification ou signification à lui adressée sera valable lorsqu'elle sera faite à la préfecture de......

Frais d'enregistrement.

Art. 36. — Les frais de timbre et d'enregistrement du présent cahier des charges et des conventions annexées seront supportées par le concessionnaire.

Frais de contrôle.

DATE DE LA REVISION DU TARIF.

(Décret du 30 Décembre 1909).

Le Président de la République française,

Sur le rapport du Président du Conseil, Ministre de l'Intérieur et des Cultes, du Ministre des Travaux Publics, des Postes et des Télégraphes et du Ministre de l'Agriculture,

Vu le décret du 17 octobre 1907, organisant le service du contrôle des distributions d'énergie électrique, en exécution de l'article 18, paragraphe 3, de la loi du 15 juin 1906 ;

Vu l'avis du Ministre des Finances, en date du 11 décembre 1909 ;

Le Conseil d'État entendu,

Décrète :

Art. 1er. — L'article 13 du décret du 17 octobre 1907 est modifié ainsi qu'il suit :

« *Art.* 13. — Le tarif maximum des frais de contrôle prévus aux articles 9 et 11 ci-dessus sera revisé au plus tard le 1er janvier 1912.

» Après la première revision, le tarif pourra être revisé tous les dix ans. »

Art. 2. — Le Président du Conseil, Ministre de l'Intérieur et des Cultes, le Ministre des Travaux Publics, des Postes et des Télégraphes et le Ministre de l'Agriculture sont chargés, chacun en ce qui le concerne, de l'exécution du présent décret, qui sera publié au *Journal officiel* de la République française et inséré au *Bulletin des Lois*.

Fait à Paris, le 30 décembre 1909.

A. FALLIÈRES.

Par le Président de la République :

Le Président du Conseil,
Ministre de l'Intérieur et des Cultes,

Aristide BRIAND.

Le Ministre des Travaux Publics,
des Postes et des Télégraphes,

A. MILLERAND.

Le Ministre de l'Agriculture.

J. RUAU.

CIRCULAIRE DU MINISTÈRE DES TRAVAUX PUBLICS AUX PRÉFETS
DU 8 FÉVRIER 1910.

(8 Février 1910).

Aux termes de l'article 13 du décret du 17 octobre 1907, le tarif maximum des frais de contrôle dus à l'État et aux communes par les entrepreneurs de distribution d'énergie électrique établies en vertu de permissions de voirie ou de concessions devait être revisé au plus tard le 1ᵉʳ janvier 1910.

Toutefois, l'expérience acquise à ce jour, et qui ne peut se fonder que sur l'étude des résultats de l'année 1908, la première pendant laquelle ont été perçus les frais de contrôle, ne fournit pas des données suffisantes pour qu'on puisse encore apprécier s'il convient ou non, de modifier les règles qui régissent actuellement la matière. Aussi, après accord avec MM. les Ministres de l'Intérieur et de l'Agriculture et conformément à l'avis de M. le Ministre des Finances, a-t-il paru préférable de se borner à modifier l'article 13 du décret du 17 octobre 1907, en reportant du 1ᵉʳ janvier 1910 au 1ᵉʳ janvier 1912 au plus tard l'époque à laquelle sera relevé le tarif maximum des frais de contrôle.

Tel est l'objet du décret ci-annexé dont je vous prie d'assurer l'exécution.

Les résultats des années 1909 et 1910, au cours desquelles les distributions ont pris et continueront de prendre une grande extension, ne manqueront pas d'apporter des indications plus précises sur le vu desquelles il sera possible de fixer un régime qui, à la fois, tienne compte des intérêts divers de l'industrie électrique et assure à à l'État et aux communes les recettes nécessaires à l'exercice du contrôle prescrit par la loi du 15 juin 1906 sur les distributions d'énergie.

Je vous prie de m'accuser réception de la présente circulaire dont j'adresse ampliation aux Ingénieurs en chef du contrôle,

Le Ministre des Travaux Publics,
des Postes et des Télégraphes,

A. MILLERAND.

CIRCULAIRE DU MINISTRE DES TRAVAUX PUBLICS, EN DATE DU 3 MAI 1910, RELATIVE A LA MODIFICATION DE L'ARTICLE 1er DU MODÈLE D'ARRÊTÉ PRÉFECTORAL PORTANT AUTORISATION D'INSTALLER UNE DISTRIBUTION D'ÉNERGIE ÉLECTRIQUE PAR PERMISSION DE VOIRIE [1].

(3 Mai 1910).

LE MINISTRE A MONSIEUR LE PRÉFET DU DÉPARTEMENT D

La question s'est posée de savoir si, dans le cas d'une demande d'autorisation d'occuper le domaine public pour l'installation d'une distribution d'énergie électrique, le demandeur devait être tenu de souscrire, préalablement à toute décision, une soumission portant engagement de payer les redevances prévues par le décret du 17 octobre 1907.

A la suite d'un échange de vues à ce sujet avec M. le Ministre des Finances, il a été admis sans conteste que cette soumission était inutile lorsque l'occupation est autorisée par voie de concession. En effet, l'acte de concession signé par le bénéficiaire comporte pour celui-ci l'engagement de se conformer aux conditions du cahier des charges-type dont l'article 27 stipule expressément le paiement des redevances au tarif fixé par le décret susvisé.

En ce qui concerne les autorisations données par permission de voirie, il a été reconnu également que la soumission, indépendante de la pétition, ne pourrait être imposée; mais il a paru utile, pour prévenir toutes difficultés, de compléter les dispositions du modèle d'arrêté préfectoral (annexe 2 de la circulaire ministérielle du 25 octobre 1908), qui n'ont point semblé à l'Administration des Finances préciser suffisamment les obligations des bénéficiaires envers le Trésor, par une clause indiquant d'une manière explicite et formelle que les permissionnaires sont tenus au paiement de redevances exigibles en vertu du décret du 17 octobre 1907.

L'accord étant ainsi intervenu, j'ai jugé opportun de mentionner en même temps, pour ce qui me regarde, une clause analogue relativement aux frais de contrôle.

---

1. Annexe 2 de la circulaire ministérielle du 25 octobre 1908.

J'ai décidé, par suite, que l'article 1ᵉʳ du modèle d'arrêté préfectoral portant autorisation d'installer une distribution d'énergie électrique par permission de voirie sera libellé de la manière suivante :

« M   autorisé à établir dans l   commune d   des canalisations et ouvrages de distribution d'énergie électrique $\left\{ \begin{array}{l} \text{sur} \\ \text{sous} \end{array} \right.$ en vue de   et à procéder aux travaux nécessités par l'entretien de ces canalisations et ouvrages, à charge par   de se conformer aux conditions de la présente autorisation, aux règlements de voirie et aux règlements ou arrêtés édictés en exécution de la loi du 15 juin 1906, notamment aux deux décrets du 17 octobre 1907, relatifs au paiement des redevances pour occupation du domaine public et des frais de contrôle ».

Il y aura lieu, en conséquence, d'ajouter aux indications inscrites à la suite du modèle d'arrêté un extrait du décret relatif aux frais de contrôle (art. 9 à 13, ce dernier art. 13 modifié conformément au décret du 30 décembre 1909).

Je vous prie de m'accuser réception de la présente circulaire dont j'adresse ampliation aux Ingénieurs en chef du contrôle des distributions d'énergie électrique.

A. Millerand.

Circulaire du Ministre des Travaux Publics, en date du 20 mai 1910, relative a l'envoi du cahier des charges-type pour la concession par l'État d'une distribution d'énergie électrique aux services publics [1].

(20 Mai 1910).

Le Ministre a Monsieur le Préfet du département d...

Jusqu'ici, en l'absence d'un cahier des charges spécial réglant les conditions applicables à la concession des lignes destinées à distribuer de l'énergie électrique aux services publics (transports en commun, distributions d'électricité, etc.), ces lignes ne pouvaient être établies qu'en vertu de permissions de voirie toujours précaires et révocables.

Le cahier des charges-type approuvé par décret du 30 novembre 1909, dont je vous adresse un exemplaire et qui complète la série des cahiers des charges dressés en conformité de l'article 6 de la loi du 15 juin 1906, a pour but de remédier aux inconvénients de cette situation.

Les lignes qui apporteront le courant aux services publics pourront d'ailleurs, comme par le passé, continuer à être autorisées par simples permissions de voirie. Mais les Ingénieurs du contrôle ne devront pas perdre de vue que le nombre des canalisations qu'il est possible d'installer sur ou sous la voie publique est limité par le peu de place disponible, et que l'occupation autorisée par permission de voirie peut constituer au profit des occupants, sans obligations corrélatives, un monopole de fait susceptible de gêner dans l'avenir la création de nouvelles entreprises, même sous le régime de la concession. Ils doivent, en conséquence, proposer le refus des permissions de voirie pour les lignes de distribution à grande distance, toutes les fois que l'établissement de ces lignes constitue un obstacle pour la création ultérieure ou le développement de réseaux présentant un caractère d'intérêt général. En pareil cas, le régime préférable est celui des concessions soumises aux cahiers des charges-type qui est annexé à la présente circulaire.

Il convient d'ailleurs de remarquer que, dans l'hypothèse de l'opposition de certaines communes, il y aura lieu, dans la plupart des cas, de passer outre, en raison du caractère d'intérêt général de ces sortes de concessions.

---

1. Cette circulaire a été envoyée anx préfets des départements en même temps que leur a été communiqué le cahier des charges-type pour la concession par l'État d'une distribution d'énergie électrique aux services publics.

Ce nouveau cahier des charges, tout en conservant le même numé-
rotage des articles, diffère sur plusieurs points des cahiers des charges-
types des 17 mai et 20 août 1908 pour la concession d'une distribution
publique d'énergie. Les dispositions spéciales qu'il renferme donnent
lieu aux observations suivantes :

Le service concédé (art. 1ᵉʳ) a pour objet principal de fournir de
l'énergie aux services publics ; les réseaux destinés à alimenter ces
services peuvent traverser des communes sans les desservir et sans
que les municipalités aient à intervenir pour autoriser leur établissement ; le concessionnaire a le droit, sur tout le parcours de son
réseau, d'établir sur le domaine public, qu'il soit national, départemental ou communal, tous ouvrages et canalisations nécessaires à
l'objet de la concession, sous réserve de l'approbation des projets
d'exécution dans les formes prévues au décret du 3 avril 1908.

L'article 3 permet au concessionnaire, lorsque toutes les obligations
du cahier des charges sont remplies, de faire usage de ses installations
pour vendre de l'énergie à des services publics autres que ceux situés
dans la zone prévue à l'article 14 et à des particuliers. Il devra à cet
effet se pourvoir de l'autorisation du Ministre des Travaux Publics ;
cette autorisation lui sera accordée s'il est constaté que la consistance
du réseau est suffisante pour lui permettre de disposer sans inconvénients d'excédents d'énergie.

Mais l'autorisation du Ministre n'est qu'une autorisation de principe ;
elle ne saurait dispenser le concessionnaire de demander, dans chaque
cas, aux autorités compétentes les autorisations nécessaires (permissions ou concessions) en vue d'occuper le domaine public pour celles
de ses installations qui n'ont pas pour objet immédiat d'assurer le
service concédé.

L'article 5 prévoit à titre facultatif que le concessionnaire sera tenu
de construire et de maintenir en bon état de service une ou plusieurs
usines génératrices qui feront partie de la concession. Cette disposition
ne doit être appliquée qu'à titre exceptionnel et, sauf le cas où il en
sera fait application, les usines de production ne feront pas retour à
l'État en fin de concession ainsi qu'il est prévu à l'article 22.

La durée maximum des concessions est fixée à cinquante ans. Toutefois, s'il est reconnu que les conditions d'établissement et d'exploitation du réseau à établir l'exigent, la durée de la concession pourra
être augmentée. Mais alors ce sera une dérogation au cahier des
charges-type, qui devra être approuvée par un décret délibéré en
Conseil d'État.

Je vous prie de bien vouloir m'accuser réception de la présente
circulaire, dont j'adresse ampliation aux Ingénieurs en chef du contrôle
des distributions d'énergie électrique.

A. MILLERAND.

Compteurs d'électricité.

Arrêté du Ministre des Travaux Publics, des Postes et des Télégraphes, fixant les conditions d'approbation des types de compteurs d'énergie électrique.

(*13 août 1910*).

Le Ministre des Travaux Publics, des Postes et des Télégraphes,
Vu la loi du 15 juin 1906 sur les distributions d'énergie ;
Vu les articles 16 des cahiers des charges-types des distributions publiques d'énergie électrique en date des 17 mai et 20 août 1908 ;
Vu l'avis du Comité d'Électricité ;
Vu l'arrêté ministériel du 2 juin 1909 ;

Arrête :

Les compteurs servant à mesurer les quantités d'énergie électrique livrées au public par les concessionnaires ou permissionnaires de distributions publiques d'énergie électrique, soumises aux clauses et conditions des cahiers des charges-types en date des 17 mai et 20 août 1908, devront satisfaire, par application de l'article 16 desdits cahiers des charges, aux conditions ci-après énumérées :

Définition du type.

Article premier. — Le type de compteur est défini par ses dessins de construction.

Sont considérés comme de même type les compteurs de calibres différents, construits sur les mêmes dessins et dont les différences ne portent que sur les bobinages qui restent, d'ailleurs, semblablement placés.

Le type peut comporter l'emploi d'appareils accessoires, tel que transformateurs, etc. ; ces accessoires forment partie intégrante du compteur.

Chaque type de compteur porte un nom ; si le même nom s'applique à plusieurs calibres du même type, chaque type porte, en outre, un numéro de série caractéristique. Le nom et le numéro de série figurent sur les plaques des appareils mis en service.

Constitution du dossier de demande d'approbation.

Art. 2. — Le dossier de demande d'approbation contient les pièces suivantes :

1° Les dessins d'exécution à des échelles suffisantes pour en permettre la lecture facile ;

2° Une notice descriptive exposant le principe du compteur, décrivant son mécanisme et son fonctionnement, donnant le détail des causes d'erreur et indiquant la manière dont elles sont corrigées dans la mesure du possible, particulièrement en ce qui concerne la variation de la température due au fonctionnement.

Cette note doit, en outre :

a. Indiquer le détail des bobinages que peut recevoir le type et les calibres correspondants ;

b. Donner la durée de révolution du mobile le plus rapide qui soit nettement visible sur le mécanisme ou sur la minuterie, et la valeur de l'énergie correspondant à un tour exact de ce mobile pour chaque calibre ;

c. Un certificat d'essai délivré par le Laboratoire central d'Électricité de Paris ou par les laboratoires agréés par le Ministre, après avis du Comité d'Électricité, donnant les résultats des essais faits sur un compteur du type et portant sur les points énumérés à l'article 3 ci-après.

Le dossier est fourni en trois exemplaires, en un original, pour lequel les dessins sont un calque sur toile, les autres exemplaires pouvant être de simples copies. Les dessins originaux portent une estampille de l'établissement qui a fait l'essai, pour certifier la conformité de ces dessins à l'appareil soumis aux essais.

Les appareils accessoires sont toujours essayés avec le compteur proprement dit correspondant ; toutefois, si ce dernier a été approuvé antérieurement, les essais qui n'intéressent pas l'appareil accessoire n'ont pas à être recommencés ; mais la note descriptive mentionne le type de ce compteur et la date de son approbation. Une expédition en copie du compteur proprement dit est simplement ajoutée au dossier, mais elle doit porter le certificat de conformité de l'appareil essayé. Le dessin de l'appareil accessoire est produit en original.

Les pièces sont du format 0^{m}21 sur 0^{m}31 ; les plans sont ramenés à ce même format par pliage d'abord en paravent, puis en travers. Le titre est inscrit sur la face apparente du plan replié.

Détail des essais.

Art. 3. — Les essais portent au moins sur les points suivants :

1° Essais aux trois régimes : de pleine charge nominale ; de demi-charge ; du vingtième de charge.

Ces essais sont faits sur l'appareil fermé et mis sous la tension depuis une heure au moins, et, dans tous les cas, jusqu'à ce que le régime de température dû au fil de dérivation soit atteint.

Les autres conditions sont les suivantes :

a. Température arbitraire entre les limites 10° et 25° C ;

b. Tension arbitraire entre 0,9 et 1,10 fois la tension nominale ;

c. Facteurs de puissance arbitraire entre 1,0 et 0,5 pour l'esssai en plein débit ; et à demi-charge, un essai pour chacune des valeurs 1,0 et 0,5 approximativement.

Sur les compteurs de 5 hectowatts et au-dessous, un essai au régime de 20 watts est substitué à l'essai au vingtième de charge.

L'essai au vingtième de charge ou à 20 watts est répété, sur les compteurs watt-heure-mètres à courant continu, en plaçant l'instrument dans deux orientations opposées à 180° et telles que l'axe du champ dû au fil principal soit dans le plan du méridien magnétique ;

2° Essais au régime de demi-charge avec des écarts en plus et en moins d'un vingtième sur la valeur nominale de la fréquence ;

3° Essais en surcharge d'un cinquième de la puissance maximum normale ;

4° Épreuve de marche à vide.

Sur les compteurs pourvus d'un mécanisme à rouleaux, épreuve portant sur le fonctionnement simultané de tous ces rouleaux au régime du dixième de charge ;

5° Essai donnant le régime minimum qui assure un démarrage certain ;

6° Valeur des consommations internes dans chaque circuit ;

7° Essai de court-circuit d'une intensité égale à dix fois le courant maximum normal, limité dans sa durée d'application par le jeu d'un fusible fondant sous un courant double du maximum normal ; essai répété cinq fois ;

8° Les compteurs, moteurs à collecteur, qui ne sont pas munis d'un fil à plomb ou d'un organe de nivellement équivalent, sont essayés à demi-charge, en donnant à l'appareil une inclinaison de 5° par rapport à la verticale. Le résultat de l'essai est consigné au certificat comparativement à celui de l'essai correspondant à la verticalité de l'axe.

Résultats à obtenir.

Art. 4. — Les résultats à obtenir et les tolérances sont fixés comme il suit :

1° Essai à pleine charge nominale : erreur relative.   .   ± 3 p. 100

2° Essai à demi-charge : erreur relative.   .   .   .   .   ± 3 p. 100

3° Essai au vingtième de charge : erreur relative .   .   ± 5 p. 100

4° Dans le cas où le compteur comporte un appareil accessoire, cette dernière limite seule est portée à   .   .   ± 7 p. 100

5° Essai de régime de 20 watts : erreur absolue.   .   .   ± 2 watts.

6° Compteurs à courants alternatifs essayés en demi-charge aux fréquences de 0,95 et 1,05 fois la normale : l'erreur relative ne doit pas différer d'une unité en plus ou en moins de celle obtenue à la fréquence normale ;

7° Essai en surcharge d'un cinquième : le compteur ne doit subir aucune détérioration par l'application de cette surcharge pendant une demi-heure ;

8° Essai de démarrage ; les limites supérieures de démarrage franc sont :

a. Pour compteur de 5 hectowatts et au-dessous : 2 p. 100 de pleine charge ;

b. Pour compteurs supérieurs à 5 hectowatts : 1 p. 100 de pleine charge ;

9° Consommations internes ; les limites supérieures sont :

a. Dans le fil de dérivation, sur un courant alternatif : 1,5 watt par 100 volts ;

Et sur courant continu : 4,0 watts pour 100 volts de tension nominale ;

b. Dans les fils principaux ;

Pour les compteurs ampère-heure-mètres de tous calibres et les compteurs watt-heure-mètres de 5 hectowatts et au-dessous : 1,5 volt à pleine charge ;

Pour compteurs watt-heure-mètres supérieurs à 5 hectowatts : 1 volt à pleine charge ;

10° Essais de courts-circuits. — Après l'application des courts-circuits, la valeur de l'erreur relative à demi-charge ne doit pas avoir varié de plus d'une unité ;

Nota important — L'inobservation de l'une quelconque des conditions ci-dessus indiquées entraîne le rejet de la demande d'approbation sans autre examen.

Instruction de la demande.

Art. 5. — Le dossier est déposé soit au Ministère des Travaux Publics (secrétariat du Comité d'Électricité), soit entre les mains de l'Ingénieur en chef du contrôle des distributions électriques du département. Après avoir vérifié que le dossier présenté satisfait aux conditions prescrites par l'article 2 ci-dessus, le secrétariat ou l'Ingénieur en chef en donne reçu et le transmet pour examen au Comité d'Électricité L'examen du Comité porte, en outre des conditions stipulées à l'article précédent, sur tous les points qu'il juge utiles, et notamment sur les suivants ;

Nature de l'isolation ;

Étanchéité de la fermeture ;

Facilité d'entretien ;
Possibilité de vérifier rapidement l'étalonnage sans ouvrir l'appareil ;
Nature des rouages enregistreurs, etc.

Forme de l'approbation.

Art. 6. — L'approbation est donnée, s'il y a lieu, après avis du Comité d'Électricité, par un arrêté ministériel qui est inséré au *Journal officiel,*

Remplacement de l'arrêté du 2 juin 1909.

Art. 7. — Le présent arrêté annule et remplace l'arrêté du 2 juin 1909.

Paris, le 13 août 1910.

A. MILLERAND.

Contrôle.

LETTRE DU MINISTRE DES TRAVAUX PUBLICS, DES POSTES ET DES TÉLÉGRAPHES AUX INGÉNIEURS EN CHEF DES PONTS ET CHAUSSÉES AU SUJET DU CONTRÔLE DES INSTALLATIONS ÉLECTRIQUES TEMPORAIRES.

(23 Septembre 1910).

Vous m'avez transmis, en me demandant mes instructions, un rapport dans lequel M..., Ingénieur en chef des Télégraphes, chargé du contrôle technique des distributions d'énergie électrique en........., soulève la question de savoir quel est le rôle du service de contrôle en matière d'installations électriques établies temporairement, comme celles des foires, fêtes publiques, fêtes locales, etc., sur les dépendances du domaine public.

Après avoir pris l'avis de la Commission des distributions d'énergie électrique, j'estime que le service du contrôle doit s'inspirer des règles suivantes :

1° Les ouvrages électriques établis provisoirement et pour une durée très limitée (foires, fêtes publiques ou locales), sur les dépendances du domaine public, doivent être répartis en deux catégories :

a. Ouvrages de production ou d'utilisation ;

b. Ouvrages de distribution.

Ces derniers ouvrages seuls (ouvrages de distribution), et seulement dans le cas où ils seront établis en tout ou en partie sur des voies publiques restant affectées à la circulation, sont soumis à la réglementation de la loi du 15 juillet 1906.

Les ouvrages de production et d'utilisation sont soumis à la surveillance tant de l'inspection du travail que de la police locale.

2° Les ouvrages de distribution *b*, qui sont les seuls à examiner, peuvent être répartis en trois espèces, et, pour chaque espèce, les conditions d'établissement et d'exploitation peuvent être précisées ainsi qu'il suit :

A. *Distributions de la première espèce.* — Ce sont celles qui sont établies en empruntant l'énergie à des canalisations existantes régulièrement autorisées et établies en vertu de permissions de voirie ou de concessions.

Afin de donner toute facilité aux intéressés (distributions d'énergie et forains) pour l'établissement des canalisations constituant ces distributions, tout en sauvegardant en même temps la sécurité publique, il convient d'assimiler ces canalisations à des branchements et de leur appliquer le régime particulier prévu par l'article 35 du décret du 3 avril 1908.

B. *Distributions de la deuxième espèce.* — Ce sont les distributions établies par les forains à l'intérieur et dans la limite de leurs installations, alimentées par des générateurs situés à l'intérieur des susdites installations, sans canalisation venant de l'extérieur et empruntant la voie publique.

Dans ce cas, les canalisations sont situées à l'intérieur d'installations établies, il est vrai, momentanément sur la voie publique, mais qui soustraient à la circulation, du fait même de leur établissement, les parties de la voie publique qu'elles occupent. Par suite, il n'y a pas lieu d'appliquer à ces canalisations la loi du 15 juin 1906, et ces installations électriques rentrent dans le cas ci-dessus examiné (1°, *a*).

C. *Distributions de la troisième espèce.* — Ce sont celles qui sont alimentées par du courant venant de l'extérieur au moyen de canalisations électriques empruntant tout ou partie des voies publiques et n'appartenant pas à des distributions régulièrement autorisées, soit par permission de voirie, soit par concession. Un cas particulier de cette espèce serait le cas d'un forain faisant le commerce de distribution d'énergie et alimentant d'autres forains, au moyen de canalisations partant de son propre générateur et empruntant ou traversant des voies publiques.

Dans ce cas, le distributeur de courant qui en fait le commerce doit, en temps opportun, adresser les demandes et se munir des permissions ou autorisations nécessaires.

Je vous prie de faire part de ces instructions à M. l'Ingénieur en chef...

Le Ministre des Travaux Publics,
des Postes et des Tétégraphes,

A. MILLERAND.

Contrôle communal.

CIRCULAIRE DU MINISTRE DES TRAVAUX PUBLICS RELATIVE A L'ORGANISATION DU CONTRÔLE COMMUNAL DES DISTRIBUTIONS D'ÉNERGIE ÉLECTRIQUE.

(10 novembre 1910).

LE MINISTRE

à Monsieur le Préfet du département d......

A la suite de la circulaire du 8 octobre 1909, qui vous a chargé de rappeler aux maires l'obligation qui leur incombe d'organiser le contrôle des distributions communales d'énergie électrique, un assez grand nombre de municipalités ont confié leur contrôle aux agents de l'État.

La dévolution de ce service aux fonctionnaires relevant de l'Administration des Travaux Publics a soulevé diverses questions nécessitant des instructions spéciales qui font l'objet de la présente circulaire. On a constaté d'abord que, dans la plupart des communes, les frais de contrôle, perçus par application des articles 11 et 12 du décret du 17 octobre 1907, seront insuffisants pour couvrir même les frais de tournées et, en présence de cette situation, certains chefs de service ont proposé, soit de mettre les frais de contrôle à la charge des budgets communaux, soit de reverser dans les caisses du Trésor les sommes encaissées par les municipalités et de constituer ainsi dans chaque département un fonds global destiné à payer les déplacements et à rétribuer le service fait.

Après étude de la question par le Conseil général des Ponts et Chaussées, il a semblé qu'aucune de ces propositions n'était conciliable avec le texte de la loi du 15 juin 1906 et du décret du 17 octobre 1907, qui ont mis les dépenses du contrôle à la charge des concessionnaires ou permissionnaires.

Dans ces conditions, j'estime qu'on doit procéder de la manière suivante :

Les frais des tournées exécutées pour assurer le service d'un contrôle municipal devront être imputés tout d'abord sur le produit des frais de ce contrôle. Si ce produit est insuffisant, la différence sera payée par le produit des frais du contrôle général de l'État, dans la limite des crédits mis par l'Administration à la disposition de chaque ingénieur en chef, qui doit, dès lors, régler en conséquence lesdites tournées.

Si, au contraire, le produit des frais du contrôle municipal est supérieur aux dépenses proprement dites du service, la différence devra être allouée aux agents chargés de ce service, à titre d'indemnité.

Les allocations supplémentaires que l'État peut accorder à ses agents, en sus du remboursement de leurs frais de tournées, pour le contrôle des distributions d'énergie électrique, seront calculées en tenant compte, non seulement des distributions qu'ils contrôlent pour l'État, mais aussi de celles qu'ils contrôlent pour les communes.

J'ajoute, en terminant, que je ne verrais que des avantages à ce que, sans toucher à l'organisation du contrôle de l'État, le contrôle municipal soit confié à un nombre d'agents aussi réduit que possible, de telle sorte que chacun d'eux ait à contrôler un nombre de distributions assez grand pour que le total des frais de contrôle recouvrés permette d'allouer aux intéressés une rémunération suffisante.

J'adresse ampliation de la présente circulaire à M. l'Ingénieur en chef de votre département.

Le Ministre des Travaux Publics, des Postes
et des Télégraphes,
L. PUECH.

Canalisations souterraines.

Art. 26. — § 1ᵉʳ. Les canalisations souterraines doivent être en câbles armés des meilleurs modèles connus, comportant une chemise de plomb, sans soudure, et une armure métallique.

Les câbles sont noyés dans le sol, non pas seulement à la traversée des voies ferrées, mais encore de part et d'autre, et jusqu'à 3 mètres au moins au-delà des lignes électriques existant le long des voies.

§ 2. Les câbles sont placés dans des conduites d'au moins 6 centimètres de diamètre extérieur, prolongées de part et d'autre des deux rails extérieurs des voies, de telle façon que l'on puisse, sans opérer ancune fouille sous les voies et le ballast, poser et retirer lesdits câbles.

Sur le reste de leur parcours, dans l'emprise du chemin de fer, les câbles peuvent être placés à nu dans le sable, mais à une profondeur de 70 centimètres au moins en contre-bas de la plate-forme des terrassements.

§ 3. Les câbles armés employés dans la traversée ne peuvent être mis en place qu'après que les essais à l'usine démontrent que leur isolant résiste à la rupture à l'action d'un courant alternatif, sous une différence de potentiel au moins double de la tension prévue en service.

Section III. — Prescriptions relatives à l'établissement des ouvrages servant à la traction par l'électricité au moyen du courant continu [1].

Tension des distributions pour traction.

Art. 27. — Les dispositions de l'article 3, paragraphe 4, de l'article 5, paragraphes 2 *b*, 4 et 6, de l'article 25 et des deux premiers alinéas du paragraphe 3 de l'article 31, ne visent pas les conducteurs de prise de courant, ni leurs supports, ni les autres lignes placées sur ces supports ou en dehors de la voie publique ou inaccessibles au public, si la tension entre ces conducteurs et la terre ne dépasse pas 1.000 volts.

Voie.

Art. 28. — Quand les rails de roulement sont employés comme conducteurs, toutes les mesures nécessaires sont prises pour protéger contre l'action nuisible des courants dérivés les masses métalliques telles que les voies ferrées des chemins de fer, les conduites d'eau et de gaz, les lignes télégraphiques ou téléphoniques, toutes autres lignes électriques, etc.

---

1. Les projets de traction par l'électricité au moyen du courant alternatif doivent être soumis au Ministre des Travaux publics, toutes les fois que les canalisations empruntent la voie publique.

A cet effet, seront notamment appliquées les prescriptions suivantes.

§ 1er. La conductance de la voie est assurée dans les meilleures conditions possibles, notamment en ce qui concerne les joints dont la résistance ne doit pas dépasser pour chacun d'eux celle de 10 mètres de rail normal.

L'exploitant est tenu de vérifier périodiquement cette conductance et de consigner les résultats obtenus sur un registre qui doit être présenté à toute réquisition du service du contrôle.

§ 2. La perte de charge dans les voies, mesurée sur une longueur de voie de 1 kilomètre, prise arbitrairement sur une section quelconque du réseau, ne doit pas dépasser en moyenne un volt pendant la durée effective de la marche normale des voitures.

§ 3. Les artères reliées à la voie sont isolées.

§ 4. Aux points où la voie de roulement comporte des aiguillages ou des coupures, la conductance est assurée par des dispositions spéciales.

§ 5. Lorsque la voie passe sur un ouvrage métallique, elle est autant que possible isolée électriquement dans la traversée de l'ouvrage.

§ 6. Aussi longtemps qu'il n'existe pas de masses métalliques dans le voisinage des voies, une perte de charge supérieure aux limites fixées au paragraphe 2 peut être admise, à la condition qu'il n'en résulte aucun inconvénient et, en particulier, aucun trouble, dans les communications télégraphiques ou téléphoniques, ni dans les lignes de signaux de chemins de fer.

§ 7. L'entrepreneur de la distribution est tenu de faire les installations nécessaires pour permettre au service du contrôle de vérifier l'application des prescriptions du présent article ; il doit notamment disposer, s'il y a nécessité, des fils pilotes entre les points désignés de la distribution.

Protection des lignes aériennes voisines.

Art. 29. — A tous les points où les lignes assurant le service de traction croisent d'autres lignes de distribution ou des lignes télégraphiques ou téléphoniques, les dispositifs doivent être établis en vue de protéger mécaniquement ces lignes contre les contacts avec les conducteurs aériens servant à la traction.

Des dispositions sont prises pour qu'en aucun cas l'appareil de prise de courant ne puisse atteindre les lignes.

Fils transversaux servant à la suspension des conducteurs
de prise de courant.

Art. 30. — Les fils transversaux servant à la suspension des conducteurs de prise de courant sont isolés avec soin de ces conducteurs et de la terre.

Partout où il est nécessaire, ces fils sont munis de dispositifs d'arrêt destinés à retenir les fils télégraphiques, téléphoniques ou de signaux, qui viendraient à tomber et à glisser jusqu'au conducteur de prise de courant.

CHAPITRE III

PROTECTION DES LIGNES TÉLÉGRAPHIQUES, TÉLÉPHONIQUES OU DE SIGNAUX.

Voisinage des lignes télégraphiques, téléphoniques ou de signaux et des canalisations aériennes [1].

Art. 31. — § 1er. En aucun cas, la distance entre les conducteurs d'énergie électrique et les fils télégraphiques, téléphoniques ou de signaux ne doit être inférieure à 1 mètre.

§ 2. Lorsque des conducteurs d'énergie électrique parcourus par des courants de la deuxième catégorie suivent parallèlement une ligne télégraphique, téléphonique ou de signaux, la distance minimum à établir entre ces lignes doit être augmentée, de manière qu'en aucun cas il ne puisse y avoir de contact accidentel.

Cette distance ne peut être inférieure à 2 mètres, excepté si les conducteurs sont fixés sur toute leur longueur, auquel cas la distance peut être réduite à 1 mètre comme pour toutes autres lignes.

§ 3. Aux points de croisement, les conducteurs d'énergie sont autant que possible placés au-dessus des fils télégraphiques, téléphoniques ou de signaux.

Si les conducteurs d'énergie sont au-dessus des fils télégraphiques, téléphoniques ou de signaux, il est fait application des dispositions de l'article 3, paragraphe 5, et de l'article 5, paragraphes 5 et 6 *b*.

Si les conducteurs d'énergie électrique sont au-dessous des fils télégraphiques, téléphoniques ou de signaux, et s'ils sont parcourus par des courants de deuxième catégorie, un dispositif de garde efficace, pourvu d'une bonne communication avec le sol, est solidement établi entre les deux sortes de conducteurs.

Une disposition analogue peut, en cas de nécessité, être imposée pour les conducteurs de première catégorie.

Dans les deux cas qui précèdent, les lignes télégraphiques, téléphoniques ou de signaux sont dûment consolidées.

Lorsque les dispositions prévues au présent paragraphe ne peuvent être appliquées, les lignes préexistantes doivent être modifiées.

---

1. NOTA. — Il est rappelé que les frais des modifications jugées nécessaires des lignes télégraphiques ou téléphoniques préexistantes à celles de la distribution incombent à l'entrepreneur de cette distribution.

§ 4. Au voisinage des ouvrages de distribution, il pourra être établi, s'il est jugé nécessaire, des coupe-circuits spéciaux sur les fils télégraphiques, téléphoniques ou de signaux intéressés.

Voisinage des lignes télégraphiques, téléphoniques ou de signaux
et des canalisations souterraines.

Art. 32. - § 1er. Lorsque des conducteurs souterrains d'énergie électrique suivent une direction commune avec une ligne télégraphique, téléphonique ou de signaux souterrains et que les deux canalisations sont établies en tranchée, une distance minimum de 1 mètre doit exister entre ces conducteurs et la ligne télégraphique, téléphonique ou de signaux, à moins qu'ils ne soient séparés par une cloison.

§ 2. Lorsque des conducteurs souterrains croisent une ligne télégraphique, téléphonique ou de signaux, ils doivent être placés à une distance minimum de 50 centimètres des lignes télégraphiques, téléphoniques ou de signaux, à moins qu'ils ne présentent, en ces points, au point de vue de la sécurité publique, de l'induction et des dérivations, des garanties équivalentes à celles des câbles concentriques ou cordés à enveloppe de plomb et armés.

Lignes téléphoniques, télégraphiques ou de signaux affectées
à l'exploitation des distributions de deuxième catégorie.

Art. 33. — Les lignes téléphoniques, télégraphiques ou de signaux, qui sont montées, en tout ou en partie de leur longueur, sur les mêmes supports qu'une ligne électrique de la deuxième catégorie, sont assimilées pour les conditions de leur établissement aux lignes électriques de cette même catégorie. En conséquence, elles sont soumises aux prescriptions applicables à ces lignes.

Les lignes téléphoniques, télégraphiques ou de signaux sont toujours placées au-dessus des conducteurs d'énergie électrique.

En outre, leurs postes de communication, leurs appareils de manœuvre ou d'appel sont disposés de telle manière qu'il ne soit possible de les utiliser ou de les manœuvrer qu'en se trouvant dans les meilleures conditions d'isolement par rapport à la terre, à moins que leurs appareils ne soient disposés de manière à assurer l'isolement de l'opérateur par rapport à la ligne.

CHAPITRE IV

ENTRETIEN DES OUVRAGES. — EXPLOITATION DES DISTRIBUTIONS.

Précautions à prendre dans les travaux d'entretien des lignes.

Art. 34. — Lignes de la première catégorie :

Aucun travail ne peut être entrepris sur des conducteurs de la première catégorie en charge ou sur des conducteurs placés sur les mêmes supports que des conducteurs de deuxième catégorie, sans que des précautions suffisantes assurent la sécurité de l'opérateur.

Lignes de la deuxième catégorie :

§ 1er. Il est formellement interdit de faire exécuter sur les lignes de la deuxième catégorie aucun travail, sans qu'elles aient été, au préalable, isolées de tout générateur possible de courant.

§ 2. La communication ne peut être rétablie que lorsqu'il y a certitude que les ouvriers ne travaillent plus sur la ligne.

A cet effet, l'ordre de rétablissement du courant ne peut être donné que par le chef de service ou son délégué, et seulement après qu'il se sera assuré que le travail est terminé et que tout le personnel de l'équipe est réuni en un point de ralliement fixé à l'avance.

Pendant toute la durée du travail, toutes dispositions utiles doivent être prises pour que le courant ne puisse être rétabli sans ordre exprès du chef de service ou de son délégué.

§ 3. Les mesures indiquées aux deux paragraphes précédents peuvent être remplacées par l'emploi de dispositifs spéciaux permettant, soit au chef d'équipe, en cas de travail par équipe, de protéger lui-même l'équipe, soit aux ouvriers isolés de se protéger eux-mêmes par des appareils de coupure pendant toute la durée du travail.

§ 4. Dans les cas exceptionnels où il est nécessaire qu'un travail soit entrepris sur des lignes en charge de la deuxième catégorie, il ne doit être procédé que sur l'ordre exprès du chef de service et avec toutes les précautions de sécurité qu'il indiquera.

Élagage des plantations.

Art. 35. — § 1er. Sur les voies publiques empruntées par une distribution d'énergie électrique, l'élagage des arbres plantés en bordure de ces voies publiques, soit sur le sol de ces voies, soit sur les propriétés particulières, doit être effectué aussi souvent que la sécurité de la distribution l'exige.

S'il en est requis par le service du contrôle, l'entrepreneur de la distribution est tenu de procéder à cet élagage, en se conformant aux instructions du service de voirie.

§ 2. Il est interdit de faire exécuter les élagages, ou des travaux analogues pouvant mettre directement ou indirectement le personnel en contact avec des conducteurs électriques ou pièces métalliques de la seconde catégorie, sans avoir pris des précautions suffisantes pour assurer la sécurité du public et du personnel par des mesures efficaces d'isolement.

Affichage des prescriptions relatives à la sécurité dans les distributions de deuxième catégorie.

Art. 36. — Les chefs d'industrie, directeurs ou gérants, sont tenus d'afficher dans un endroit apparent des salles contenant des installations de la deuxième catégorie :

1° Un ordre de service indiquant qu'il est dangereux et formellement interdit de toucher aux pièces métalliques ou conducteurs soumis à une tension de la deuxième catégorie, même avec des gants de caoutchouc, ou de se livrer à des travaux sur ces pièces ou conducteurs, même avec des outils à manche isolant ;

2° Des extraits du présent arrêté et une instruction sur les premiers soins à donner aux victimes des accidents électriques, rédigée conformément aux termes qui seront fixés par une circulaire ministérielle.

CHAPITRE V

DISPOSITIONS DIVERSES.

Interdiction d'employer la terre.

Art. 37. — Il est interdit d'employer la terre comme partie du circuit de la distribution.

Voisinage des magasins à poudre et poudreries.

Art. 38. — Aucun conducteur d'énergie électrique ne peut être établi à moins de 20 mètres d'une poudrerie ou d'un magasin à poudre, à munitions ou à explosifs, si ce conducteur est aérien ; de 10 mètres, si ce conducteur est souterrain.

Cette distance se compte à partir de l'aplomb extérieur de la clôture qui entoure la poudrerie, ou du mur d'enceinte spécial qui entoure le magasin. S'il n'existe pas de mur, on devra considérer comme limite :

1° D'un magasin enterré, le pied du talus du massif de terre recouvrant les locaux ;

2° D'un magasin souterrain, le polygone convexe circonscrit à la projection horizontale sur le sol des locaux et des gaines ou couloirs qui mettent ces locaux en communication avec l'extérieur.

Conditions d'application du présent règlement.

Art. 39. — § 1ᵉʳ. Des dérogations aux prescriptions du présent arrêté peuvent être accordées par le Ministre des Travaux publics, après avis du Comité d'Électricité.

§ 2. Le présent règlement ne fait pas obstacle à ce que le service du contrôle, lorsque la sécurité l'exige, impose des conditions spéciales pour l'établissement des distributions, sauf recours des intéressés au Ministre des Travaux publics.

§ 3. Le présent arrêté annule et remplace l'arrêté du 21 mars 1910.

Paris, 21 mars 1911.

Ch. DUMONT.

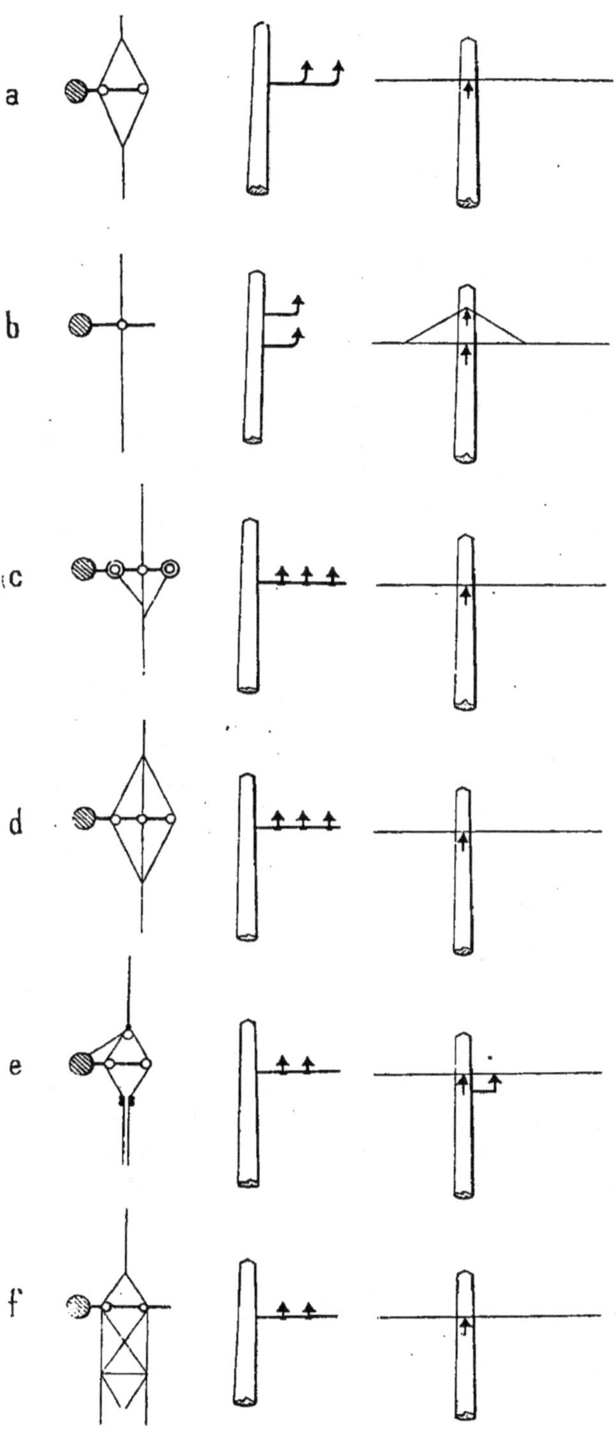
a
b
c
d
e
f

Circulaire du Ministre des Travaux Publics, des Postes et des Télégraphes concernant l'application de l'arrêté du 21 mars 1911.

Le Ministre des Travaux Publics, des Postes et des Télégraphes
à Monsieur le Préfet du département d.......

Paris, le 21 mars 1911.

J'ai l'honneur de vous adresser ci-joint ampliation d'un arrêté, en date du 21 mars 1911, par lequel j'ai déterminé, conformément à l'article 19 de la loi du 15 juin 1906 et après avis du Comité d'Électricité, les conditions techniques auxquelles doivent satisfaire les distributions d'énergie électrique au point de vue de la sécurité des personnes et des services intéressés.

Je vous adresse en même temps les instructions nécessaires pour vous permettre d'en assurer l'application.

Dispositions générales. — Le nouvel arrêté et la présente circulaire abrogent et remplacent l'arrêté et la circulaire du 21 mars 1910 [1].

L'arrêté s'applique à tous les ouvrages des distributions empruntant en un point quelconque de leur parcours le domaine public, ainsi qu'aux ouvrages des distributions établies exclusivement sur des terrains privés et s'approchant à moins de 10 mètres de distance horizontale d'une ligne télégraphique ou téléphonique préexistante; mais il ne s'applique ni aux usines de production d'énergie, ni aux ouvrages d'utilisation situés dans les usines ou autres immeubles. Ces usines ou ouvrages d'utilisation sont soumis aux dispositions du décret du 11 juillet 1907, édicté en exécution de la loi du 12 juin 1893-11 juillet 1903 sur l'hygiène et la sécurité des travailleurs dans les établissements industriels.

L'arrêté ne contient aucune prescription relative à la protection des sites que mentionne l'article 19 de la loi du 15 juin 1906. Je ne doute pas que les ingénieurs auront le plus grand souci de veiller à ce que l'établissement des ouvrages d'une distribution ne compromette pas le caractère artistique ou pittoresque des monuments, des paysages ou

---

1. Il est rappelé que l'arrêté du 21 mars 1910 abrogeait et remplaçait toutes les instructions techniques antérieurement en vigueur, notamment l'arrêté préfectoral du 15 septembre 1893, les instructions techniques annuelles émanint de l'Administration des postes et des télégraphes et les dispositions techniques de l'instruction du 1er février 1907, relative à la traversée des chemins de fer.

des rues des villes; il peut néanmoins être utile, toutes les fois que la situation le comportera, de consulter les fonctionnaires ou les commissions chargées, dans chaque circonscription administrative, de veiller à la conservation des monuments et des sites.

A cet égard, il sera bon que les ingénieurs se mettent en rapport avec l'architecte départemental, lorsque les projets seront de nature à modifier l'aspect des rues ou des promenades des villes. Si les travaux projetés intéressent un immeuble classé parmi les monuments historiques, en vertu de la loi du 30 mars 1887, ils pourront utilement faire appel à l'architecte ordinaire des monuments historiques ; s'ils intéressent un paysage pittoresque, il y aura lieu, pour vous, de saisir la commission instituée, dans votre département, par la loi du 21 avril 1906 sur la conservation des sites et des monuments naturels.

Dispositions spéciales. — L'arrêté technique est divisé en cinq chapitres correspondant aux diverses questions que soulèvent l'établissement et l'exploitation des ouvrages de distribution.

Le chapitre Iᵉʳ contient les dispositions générales applicables à tous les ouvrages de distribution et donnent lieu de ma part aux observations suivantes :

Article premier. — Les distributions sont classées en deux catégories, suivant la plus grande tension de régime existant entre les conducteurs et la terre. Les dispositions adoptées sont les mêmes que celles du décret du 11 juillet 1907, relatif à la sécurité des travailleurs dans les établissements industriels qui mettent en œuvre des courants électriques.

Il ne faut pas toutefois conclure de cette classification que, seuls, les ouvrages de la deuxième catégorie peuvent présenter des dangers ; les limites indiquées pour la tension maximum de la première catégorie correspondent aux installations usuelles, qui ne donnent lieu à des accidents que très exceptionnellement ; mais il a été constaté que, dans certaines circonstances spéciales, des courants, dont la tension est très inférieure à la limite adoptée, ont occasionné des électrocutions. Vous aurez à tenir compte de ce fait dans l'étude des installations de première catégorie.

Art. 3. — L'état de conservation des supports en bois portant des lignes de la deuxième catégorie devra être l'objet de vérifications fréquentes, surtout au voisinage des traversées de voies publiques, de voies ferrées, ainsi que des lignes télégraphiques, téléphoniques ou de signaux.

Art. 4. — Les essais des isolateurs ne peuvent être pratiquement faits sur une ligne établie ; conformément à la pratique courante de l'industrie, les isolateurs seront essayés à l'usine avant livraison ; le service du contrôle pourra exiger la production du procès-verbal des essais.

Art. 5. — Le point le plus bas des conducteurs de la première catégorie a été maintenu à 6 mètres à la traversée des voies publiques, mais à la condition que le minimum de 6 mètres soit observé strictement, même pendant les plus grandes chaleurs de l'été, de façon qu'il n'en résulte jamais de gêne pour la circulation (§ 2).

Il n'est fait d'exception que dans le cas où, à la traversée des ouvrages construits au-dessus des voies publiques, une hauteur moindre peut être admise, pourvu que la sécurité soit assurée par un dispositif spécial de protection, mais sans que la hauteur libre de 4 m. 30, à réserver au-dessus de la chaussée, puisse être diminuée.

Dans les parties en courbe des voies publiques, les poteaux ou pylônes devront être plus rapprochés que dans les alignements droits, pour diminuer l'empiètement en projection horizontale des conducteurs sur la voie publique; il importe d'éviter des contacts possibles avec des chargements élevés.

L'arrêté du 15 septembre 1893 fixait à 60 degrés l'angle minimum pour la traversée des routes par les conducteurs d'énergie. Ce minimum a été abaissé à 30 degrés (§ 4) afin de réduire le plus possible l'angle de la brisure dans la direction générale de la ligne de distribution. Cette brisure constitue, en effet, malgré la consolidation des supports, un point faible dans les canalisations. La disposition adoptée améliorera les conditions de la sécurité.

Si des conducteurs d'énergie sont établis le long d'une voie publique qui en croise une autre sous un angle inférieur à 30 degrés, il n'y aura pas lieu de modifier leur alignement à la traversée (§ 4).

Les épissures et soudures, interdites dans la traversée des voies publiques et dans les portées contiguës, peuvent être autorisées à titre provisoire comme moyens de réparation (§ 5).

Les supports des distributions de la deuxième catégorie devront porter l'inscription « Danger de mort », substituée à l'inscription « Dangereux ». Le danger de mort est réel et doit être explicitement signalé (§ 6 c).

Lorsque les conducteurs d'énergie longent un toit en pente ou passent au-dessus, la distance à laquelle ils doivent être de ce toit a été portée à 2 mètres, s'ils sont de la deuxième catégorie. Cette distance est portée à 3 mètres lorsque les toits sont en terrasse, quelle que soit la catégorie à laquelle appartiennent ces conducteurs (§ 7).

Lorsque les conducteurs de la première catégorie seront portés par les mêmes supports que des conducteurs de la deuxième catégorie, il y aura lieu d'en vérifier avec le plus grand soin les conditions d'établissement et d'entretien, en particulier, au voisinage des traversées de voies publiques et de voies ferrées, ainsi que des lignes télégraphiques, téléphoniques ou de signaux.

Art. 6. — L'article 6 définit les conditions dans lesquelles doivent être calculées les dimensions de tous les ouvrages des distributions. Il y a lieu de tenir compte dans ce calcul non seulement des charges permanentes que les organes ont à supporter, mais aussi des charges accidentelles qui peuvent se produire sous l'action du vent. Ces charges accidentelles peuvent d'ailleurs varier suivant la température. Par les temps froids, la flèche des conducteurs diminue, ce qui est défavorable à la solidité, mais par contre, en général, dans ces circonstances, la violence du vent n'atteint pas le maximum constaté avec des températures moyennes. Il conviendra de faire le calcul dans les deux hypothèses et de retenir le résultat trouvé dans le cas le plus défavorable.

Dans ce calcul, il n'y a pas lieu de faire l'hypothèse d'une couche de verglas recouvrant les conducteurs, car cette couche ne se produit que très exceptionnellement en pratique, à raison de la chaleur développée par le passage même du courant.

Art. 7. — Dans les distributions de deuxième catégorie, les accidents présentent un caractère particulier de gravité et peuvent nécessiter la coupure du courant dans le plus bref délai possible. A cet effet, l'article 7 prévoit que chaque agglomération importante doit être reliée par un moyen de communication directe à l'usine génératrice ou au poste le plus voisin muni d'appareils de coupure. L'entrepreneur peut, pour réaliser cette liaison, faire usage d'une ligne téléphonique, ou avoir recours à d'autres moyens, par exemple, munir le personnel de surveillance de moyens de transport rapide (automobiles, bicyclettes, etc.). Il appartiendra au service du contrôle d'apprécier les propositions faites à cet effet par l'entrepreneur.

Dans le cas où la distribution est munie d'appareils de coupure à l'entrée de chaque agglomération, l'installation pourra être considérée comme répondant à la prescription de l'article 7, à la condition toutefois que l'entrepreneur ait pris toutes les mesures nécessaires pour que ces appareils puissent être manœuvrés efficacement, quand il en sera besoin.

Art. 8. — L'armure métallique d'un câble souterrain peut suffire comme protection mécanique de celui-ci.

Le chapitre II détermine les conditions spéciales auxquelles doivent satisfaire les ouvrages de distribution à la traversée des cours d'eau (section I) et des lignes de chemin de fer (section II) et les ouvrages servant à la traction par l'électricité (section III).

La section I s'applique aux traversées des cours d'eau ; la rédaction de l'arrêté du 21 mars 1910 a été maintenue.

La section II est relative aux traversées de chemins de fer ; les prescriptions de l'arrêté du 21 mars 1910 ont été maintenues presque intégralement. Je signale les points suivants :

Art. 24. — Le paragraphe 1er de l'article 24 ne classe plus les passages à niveau parmi les points qui doivent être choisis de préférence pour la traversée des chemins de fer. La traversée aux passages à niveau crée, en effet, un risque pour la circulation publique. Il peut être avantageux toutefois, au lieu d'établir une traversée en pleine voie, de la placer à proximité d'un passage à niveau pour qu'elle puisse être surveillée par le garde-barrière. Mais ce n'est pas là une obligation ; il appartient aux services de contrôle d'adopter la solution la plus conforme aux intérêts en présence.

Le paragraphe 2 correspond à l'article 8 de l'ancienne instruction du 1er février 1907, mais il a reçu une rédaction un peu différente, afin de bien préciser que les appareils de coupure ne doivent pas nécessairement être établis dans le voisinage immédiat de la traversée ; il suffit que l'installation soit faite de manière qu'il soit possible de couper facilement le courant dans la traversée.

Art. 25 et 26. — Conformément à l'avis déjà donné précédemment par le Comité d'Électricité, il ne m'a pas paru nécessaire de fixer une limite pour la densité maximum du courant dans les canalisations aériennes et souterraines. Les nécessités industrielles obligent, en effet, les entrepreneurs à adopter des densités de courant bien inférieures à celles qui pourraient compromettre la sécurité.

En outre des deux points que je viens de rappeler, je vous signale de nouvelles questions relatives à l'article 25.

Art. 25, § 1er. — L'arrêté du 21 mars 1910 prescrivait d'une façon absolue que toute canalisation aérienne , qui n'emprunte pas un ouvrage d'art, doit franchir les voies ferrées d'une seule portée. La rédaction nouvelle est moins absolue ; elle indique, en effet. que cette prescription doit être observée « autant que possible ». Cette modification vise les cas particuliers, comme celui des abords des gares, où il peut y avoir un grand nombre de voies à traverser. Dans ce cas, il y a intérêt, au point de vue de la sécurité, à avoir un, ou même, s'il y a lieu, plusieurs supports intermédiaires.

Le même paragraphe permet de franchir les voies ferrées suivant une direction aussi voisine que possible de la normale, et, en tout cas, suivant un angle d'au moins 60 degrés. A cet égard, il convient d'éviter que cette prescription n'amène à faire de la traversée et des portées contiguës une ligne brisée et à diminuer ainsi la solidité de la traversée. Il y a lieu d'éviter cet inconvénient et d'établir, autant que possible, en ligne droite la traversée des portées contiguës.

Art. 25, § 4. — La circulaire du 21 mars 1910 indiquait que le Comité d'Électricité continuait l'étude générale des traversées de chemins de fer et, en particulier, celle des isolateurs doublés.

Après étude approfondie, le Comité estime qu'il n'y a pas lieu d'imposer un dispositif d'une manière exclusive. Il a reconnu qu'il existe un grand nombre de dispositifs satisfaisants permettant de doubler les conducteurs, soit dans toute la portée de la traversée, soit au droit des isolateurs seulement. Il a donc estimé qu'il y avait lieu de les signaler, sans en imposer aucun,

Une planche schématique [1] avec légende donne les explications nécessaires sur des dispositifs qui ont paru présenter une bonne garantie au point de vue de la sécurité.

Art. 25, § 5. — La rédaction du 21 mars 1910 a été modifiée en précisant que le cadre était métallique, qu'il était placé à 50 centimètres au moins en avant des isolateurs et qu'il devait être mis en terre. Ce dispositif doit assurer la mise à la terre des conducteurs eux-mêmes en cas de rupture des isolateurs ou des conducteurs en un point quelconque de la traversée.

Art. 25, § 7. — Le Comité d'Électricité, prenant en considération un avis fréquemment exprimé dans l'enquête qu'il a faite, a réduit de 10 à 5, comme dans le règlement suisse, le coefficient de sécurité des organes constituant la superstructure, c'est-à-dire, en somme, des supports, les isolateurs étant, jusqu'à nouvel ordre, laissés de côté au point de vue des conditions que doit offrir leur résistance mécanique.

La circulaire du 21 mars 1910 avait supprimé les interprétations abusives, en vertu desquelles on exigeait les coefficients de sécurité de 5 et 10, dans l'hypothèse où tous les conducteurs étaient rompus d'un

---

1. *Légende de la planche.*

a) Deux isolateurs placés à la même hauteur et à côté l'un de l'autre sur chaque support de la traversée. Le fil de ligne passe sur un des isolateurs. Un fil court est fixé à l'autre isolateur et relié au fil de ligne par deux ligatures soignées de part et d'autre de l'autre isolateur. De cette manière, le fil de ligne et son isolateur, d'une part, le fil court et le deuxième isolateur, d'autre part, travaillent en parallèle.

b) Même dispositif, mais avec l'isolateur n° 2 placé au-dessus et non à côté de l'isolateur n° 1. Ce deuxième isolateur devrait être d'un type plus résistant et éprouvé au double de la tension des isolateurs nomaux de la ligne.

c) Avec trois isolateurs sur chaque support de la traversée. Les trois isolateurs sont placés à la même hauteur et à côté l'un de l'autre dans le sens perpendiculaire au fil de ligne. L'isolateur du milieu supporte le fil de ligne qui est ininterrompu.

A droite, un fil court, fixé d'une part à l'isolateur de droite, d'autre part, au fil de ligne par une ligature faite du côté de la traversée. A gauche, un deuxième fil court fixé de même à l'isolateur de gauche et au fil de ligne.

d) Même dispositif; mais chaque fil court est fixé avec le fil de ligne par deux ligatures, l'une du côté traversée, l'autre sur la portée contiguë, de façon à équilibrer la traction sur chaque isolateur.

e) Trois isolateurs en triangle horizontal, le sommet du côté opposé à la traversée.

Le câble de ligne est fixé sur chaque support à deux de ces isolateurs en série. Un deuxième câble, dit câble porteur, de mêmes section et métal que le câble de ligne, le double dans la traversée. Ce câble porteur est ligaturé au câble de ligne juste avant le support de la traversée, s'attache à l'isolateur de ligne placé du côté opposé à la traversée, s'attache ensuite à un isolateur spécial à ce câble, puis rejoint le câble de ligne auquel il est jonctionné tous les mètres.

La tension de chacun des deux câbles qui constituent la traversée est moitié de la même côté. Mais cette circulaire se bornait à déclarer que ce coefficient devait être notablement supérieur à l'unité. L'expérience a démontré la nécessité de préciser la valeur de ce coefficient : cette valeur est fixée à 1,25.

Art. 25, § 8. — Ce paragraphe est nouveau. Il vise les distributions de deuxième catégorie qui traversent les lignes de chemins de fer. Pour ces lignes, le nouvel arrêté interdit l'emploi des poteaux et pylônes en bois dans la traversée et les portées immédiatement contiguës. En outre, il porte de 3 millimètres (minimum fixé par l'article 5, § 3) à 4 millimètres le diamètre des conducteurs, quand les supports ne sont distants que de 40 mètres au maximum, et à 5 millimètres, si la portée est plus grande.

Toutefois, si le conducteur, dans la traversée et ses abords, a un diamètre inférieur aux minima ci-dessus indiqués, il pourra être conservé, à la condition d'être doublé par un autre dans la portée de la traversée et de lui être réuni par des attaches convenables. Cette autorisation a pour objet d'éviter, dans le voisinage de la traversée, la présence d'épissures qui constituent toujours des points faibles dans les lignes.

Je dois encore appeler votre attention sur les dispositifs spéciaux de protection qui sont parfois employés pour la traversée des lignes de chemins de fer et sur l'interprétation qu'il convient de donner à la circulaire du 5 septembre 1908 qui a traité cette question.

Cette circulaire porte envoi du modèle d'arrêté préfectoral autorisant la traversée des voies ferrées, et elle traite surtout des questions administratives que comporte la rédaction de cet arrêté. Toutefois, voulant citer un exemple de dispositions spéciales qui peuvent être reconnues nécessaires, en dehors des prescriptions de l'arrêté technique, elle indique les coffrages placés parallèlement à la voie ferrée et qui entourent sur trois côtés les lignes télégraphiques, etc., pour préserver ces lignes de tout contact dangereux avec les conducteurs d'énergie, si ces derniers viennent à se rompre. Certains intéressés en

---

tension du câble opposé à la traversée, de manière à équilibrer les efforts sur le support.

Sur toute la longueur de la traversée, les jonctions sont de simples ligatures en fil de bronze, mais aux deux extrémités avant d'arriver aux supports, les deux câbles sont réunis par un joint spécial.

Ils sont également réunis par un joint spécial en dehors du support du côté opposé à la traversée.

f) Chaque conducteur est remplacé par un sytème de deux conducteurs câblés, fixés chacun sur un isolateur. Les deux conducteurs sont dans un même plan horizontal ; ils sont reliés par des fils transversaux et diagonaux torsadés.

Si l'un des deux conducteurs vient à se rompre, il tombe et pend dans un plan vertical, toujours retenu cependant par les fils transversaux et diagonaux. L'aspect de ceux-ci est modifié, le service de la voie s'en aperçoit et fait le nécessaire.

ont conclu que mon administration imposait ou recommandait l'emploi de ce coffrage.

Cette question a été soumise tout particulièrement à l'examen approfondi du Comité d'Électricité, et ses conclusions peuvent se résumer de la façon suivante :

Il y a lieu de maintenir la suppression des filets qui, aujourd'hui, paraît justifiée par l'expérience tant en France qu'à l'étranger. Toutefois, si dans le cas d'installations de deuxième catégorie, les intéressés sont d'accord pour demander l'établissement d'un dispositif spécial de protection, il convient de satisfaire à leur désir.

Il peut y avoir deux types de dispositifs consistant : l'un dans un protecteur longitudinal parallèle aux voies ferrées ; l'autre dans un protecteur transversal aux voies ferrées.

Protecteur longitudinal. — Le protecteur longitudinal se place au-dessus des fils télégraphiques, téléphoniques et de signaux ; il consiste en un grillage formant nappe horizontale, à mailles de 20 centimètres environ. Ce grillage doit avoir une largeur suffisante pour déborder les fils protégés, de façon qu'en cas de chute des conducteurs d'énergie, ces conducteurs ne puissent venir en contact avec les fils. Sa longueur, en dehors de la projection des conducteurs d'énergie, doit être égale à la distance séparant le grillage du conducteur d'énergie le plus élevé. Enfin, ce grillage doit être relié à la terre et supporté par quatre poteaux qui peuvent être en bois.

Le dispositif qui vient d'être appliqué est différent du « coffrage » qui est cité par la circulaire du 5 septembre 1908, parce que l'expérience a démontré les inconvénients du « coffrage », notamment au point de vue de l'entretien des fils télégraphiques, téléphoniques et de signaux.

Protecteur transversal. — Le protecteur transversal se place au-dessous des conducteurs d'énergie et ses dispositions devront satisfaire aux prescriptions suivantes :

a) Il sera en forme d'⊔ ou de ∨ ouvert pour retenir les conducteurs s'ils viennent à tomber.

b) Les mailles du filet auront au moins 40 centimètres, de manière à ne pas retenir la neige et le verglas.

c) Un intervalle d'au moins un mètre le séparera partout du point le plus bas des conducteurs électriques et les dispositions seront telles que, quel que soit le vent, il ne puisse y avoir de contact accidentel entre les conducteurs et le filet.

d) Le filet sera muni d'une bonne communication avec le sol.

e) Le coefficient de sécurité de l'installation du filet sera égal à 10.

f) Dans le calcul prévu par l'article 25, paragraphe 7, de l'arrêté, en ce qui concerne le filet, on supposera que toutes les pièces de l'installation sont recouvertes par une couche de verglas de 5 millimètres d'épaisseur dans l'hypothèse de la température minimum de la région (article 6, § 1 *b*, de l'arrêté du 21 mars 1910)

g) La visite et l'entretien de ce filet n'auront lieu que dans des conditions fixées par ordre de service de la Compagnie des chemins de fer, après accord avec l'entrepreneur de la distribution, et avec toutes les précautions nécessaires pour assurer la sécurité du visiteur ; le courant, en particulier, sera supprimé pendant la visite.

h) Il n'y a pas lieu, dans ce cas, de placer les cadres prévus à l'article 25, § 5, ces cadres faisant double emploi avec le filet.

Il convient cependant de remarquer que, de l'avis du Comité d'Électricité, les prescriptions des articles 24 et 25 paraissent convenables pour assurer la sécurité, et que, d'une manière générale, les filets offrent plus d'inconvénients que d'avantages. Toutefois, si les intéressés, comme il a été dit plus haut, demandent l'installation d'un protecteur, cette installation devra être conforme à l'un des dispositifs indiqués plus haut.

Avant de quitter la section II, relative aux traversées de chemins de fer, et pour répondre aux préoccupations de certains services de contrôle, je rappelle qu'une canalisation souterraine empruntant la voie publique pour traverser un chemin de fer sous un passage inférieur, sans avoir aucun contact avec les ouvrages de la ligne de chemins de fer, peut être établie sans intervention du service du contrôle du chemin de fer et sans arrêté spécial d'autorisation pour la traversée.

Les prescriptions de la section III, relatives à l'établissement des ouvrages servant à la traction par l'électricité, demeurent les mêmes que dans l'arrêté du 21 mars 1910.

Il est toujours spécifié que ces prescriptions (articles 27 à 30) s'appliquent en fait exclusivement à la traction par courant continu. En ce qui concerne la traction par courant alternatif, tous les projets devront m'être soumis, toutes les fois que les canalisations électriques emprunteront la voie publique.

En raison des conditions de leur installation et de leur exploitation, les ouvrages de distribution des entreprises de traction continuent à bénéficier des tolérances admises pour l'établissement de distribution de première catégorie, tant que la tension entre les conducteurs et la terre ne dépasse pas 1.000 volts. Mais, si l'établissement des ouvrages servant à la traction par l'électricité est ainsi facilité, autant que le permet le souci de la sécurité, des précautions ont, au contraire, été prescrites par l'arrêté, en vue de parer aux dangers que peuvent présenter les courants vagabonds pour les masses métalliques établies au voisinage des rails employés comme conducteurs de courant.

Il importe que le service du contrôle assure strictement l'exécution de toutes les mesures jugées nécessaires dans chaque cas pour protéger, contre l'action nuisible des courants dérivés, les masses métalliques voisines de la ligne de distribution, et, notamment, les lignes télégraphiques ou téléphoniques et les lignes de signaux.

A cet égard, je signalerai la nécessité, pour le service du contrôle, d'exiger, de la part des entreprises qui utilisent les rails comme conducteurs du courant, la vérification périodique de la conductance de la voie, qui peut être faite tout d'abord par grandes longueurs, puis par sections plus petites, si le résultat n'est pas satisfaisant, jusqu'à ce que l'on ait trouvé les points où l'éclissage électrique est défectueux. L'expérience démontre que cette opération faite régulièrement permet d'assurer par un bon entretien une conductance satisfaisante de la voie et de rendre pratiquement négligeables, dans la plupart des cas, les effets d'électrolyse.

Le chapitre III traite de la protection des lignes télégraphiques, téléphoniques et de signaux, et n'appelle aucune observation. Toutefois, les croisements de ces lignes avec des lignes de distribution d'énergie doivent être l'objet d'une attention particulière ; l'indication d'une distance maximum de 1 mètre entre ces lignes, qu'il y ait ou non croisement, n'exclut nullement l'adoption d'un plus grand écartement, s'il est pratiquement et raisonnablement réalisable.

Il y a même plus : il convient de chercher à supprimer ces croisements toutes les fois qu'il est possible de le faire, moyennant une modification des lignes télégraphiques, téléphoniques ou de signaux n'entraînant qu'une dépense raisonnable à la charge des entrepreneurs de distributions.

Quand les lignes télégraphiques, téléphoniques ou de signaux ne peuvent être placées au-dessous des conducteurs d'énergie, il convient de les consolider, s'il y a lieu, pour éviter leur rupture, indépendamment du dispositif de garde solidement établi entre les deux sortes de conducteurs.

Le chapitre IV renferme les prescriptions relatives à l'entretien des ouvrages et à l'exploitation des distributions.

Art. 35. — Je rappelle que les conditions d'application de l'article 35, relatif à l'élagage des plantations, ont été précisées par la circulaire du 1er septembre 1909, à laquelle il y a lieu de se référer.

Art. 36. — J'appelle votre attention sur l'article 36, qui prescrit au troisième alinéa d'afficher des extraits de l'arrêté dans un endroit apparent des salles contenant des installations de la deuxième catégorie. Des difficultés se sont produites au sujet du choix des articles à afficher ; après examen, ce choix me paraît comporter les articles 11, 12, 13, 14 B, 15, 16, 17, 34 et 35.

Le chapitre V contient diverses dispositions nécessaires pour l'application de l'arrêté. Vous remarquerez que les dispositions de l'arrêté sont obligatoires pour toutes les distributions et qu'il ne peut y être dérogé que par décision ministérielle ; mais elles ne sont pas limitatives. Lorsque les circonstances locales l'exigent, le service du contrôle peut imposer, pour l'installation des distributions, toutes les mesures nécessaires pour assurer la sécurité.

Dans cet ordre d'idées, j'appelle particulièrement votre attention sur les conditions d'implantation et d'établissement des lignes, notamment en pays de montagne, au point de vue des mesures à prendre contre les dangers que peuvent présenter éventuellement les éboulements, les torrents, les avalanches, etc.

Vous remarquerez également que l'arrêté ne contient aucune disposition spéciale concernant les distributions à très haute tension. L'établissement de ces distributions nécessite toutefois une étude particulièrement attentive des projets d'exécution en raison des dangers qu'elles présentent.

Vous voudrez bien, en conséquence, avant de statuer, me communiquer, avec vos propositions, les projets de toutes les distributions dont la tension de régime dépasse 30.000 volts. Après examen, je vous renverrai les projets avec mes instructions.

Vous pourrez d'ailleurs me saisir également toutes les fois que les conditions d'établissement d'une distribution, de tension inférieure ou égale à 30.000 volts, soulèveront des questions délicates sur lesquelles vous ne croirez pas devoir statuer sous votre propre responsabilité.

Ch. DUMONT.

Ministère des Travaux publics, des Postes et des Télégraphes.

ARRÊTÉ FIXANT L'ÉPOQUE DES RÉUNIONS OBLIGATOIRES DU COMITÉ
PERMANENT D'ÉLECTRICITÉ.

(2 Juin 1911).

Le Ministre des Travaux publics, des Postes et des Télégraphes,

Vu le décret du 7 février 1907 relatif au fonctionnement du comité permanent d'électricité, institué par la loi du 15 juin 1906 et, notamment, l'article 7, ainsi conçu :

« Le comité se réunit obligatoirement trois fois par an, aux époques fixées par un arrêté du Ministre des Travaux publics » ;

Sur la proposition du directeur du personnel et de la comptabilité,

Arrête :

Art. 1er. — Le comité permanent d'électricité institué par la loi du 15 juin 1906 se réunira obligatoirement, au ministère des travaux publics, sur la convocation de son président, au moins trois fois par an, savoir : deux fois dans le premier semestre de l'année, et une fois dans le dernier trimestre.

Art. 2. — Indépendamment des trois réunions obligatoires prévues par l'article 1er ci-dessus, le président pourra, s'il le juge utile, provoquer dans l'intervalle des réunions complémentaires du comité.

Art. 3. — Le présent arrêté abroge et remplace l'arrêté du 18 mai 1907.

Paris, le 1er juin 1911.

Charles DUMONT.

(Journal officiel, 2 juin 1911).

*

RÉPUBLIQUE FRANÇAISE

Ministère des Travaux publics, des Postes et des Télégraphes.

DIRECTION DES MINES, DES VOIES FERRÉES D'INTÉRÊT LOCAL ET DES DISTRIBUTIONS D'ÉNERGIE ÉLECTRIQUE.

4ᵐᵉ Bureau.

Distributions d'énergie électrique.

Secours à donner aux personnes victimes d'un contact accidentel avec des conducteurs électriques.

Série A.   Circulaire N° 2.

Paris, le 24 mai 1911.

LE MINISTRE

A Monsieur le Préfet du département d

Les instructions antérieures concernant les secours à donner aux victimes d'un contact accidentel avec des conducteurs électriques (Circulaire du Ministre des Travaux publics du 19 août 1895 — Avis de l'Administration des Postes et des Télégraphes du 15 octobre 1900 — Circulaire du Préfet de Police du 28 mai 1901), parues à une époque où les installations électriques étaient moins développées et, surtout, présentaient des tensions moins élevées qu'aujourd'hui, sont devenues insuffisantes et il a été jugé nécessaire de les remplacer par d'autres répondant mieux aux circonstances actuelles.

Mon Administration a confié à une Commission spéciale, présidée par un membre de l'Académie de Médecine de Paris, le soin de rédiger de nouvelles instructions qui seraient portées à la connaissance des industriels, des ouvriers électriciens et du public, et qui auraient pour objet d'appeler l'attention des sauveteurs à la fois sur les précautions qu'ils doivent prendre en portant secours aux victimes et sur les moyens à employer pour venir, le plus efficacement possible, en aide à ces dernières.

Soucieuse d'appuyer ses conclusions sur des constatations obtenues en se rapprochant le plus possible de la réalité des faits, la Commission a procédé sur des animaux à des expériences répétées qui lui ont permis de préciser les conditions des accidents provoqués par des courants de nature, d'intensité, de tension et de fréquence différentes.

Les nouvelles instructions établies ainsi que des données d'une réelle valeur scientifique sont résumées dans les deux affiches ci-après annexées.

La première (n° 1) s'adresse aux ouvriers électriciens et est destinée à être placardée seulement dans les usines.

La seconde (n° 2) s'adresse au public en général.

Elle devra être placardée, par les soins des industriels, à l'extérieur des usines et au voisinage des lignes à haute tension.

Il est, en outre, du plus haut intérêt qu'elle soit répandue le plus largement possible et apposée aux portes des mairies et dans les écoles, par exemple. On ne saurait, en effet, trop rappeler à chacun que l'opération du sauvetage est toujours fort délicate et qu'elle peut souvent exposer le sauveteur à un grave danger.

J'invite les Ingénieurs du contrôle des distributions d'énergie électrique en leur adressant ampliation de la présente circulaire, à veiller à ce que les deux affiches soient placées en nombre suffisant par les entrepreneurs à l'intérieur et à l'extérieur des usines et le long des canalisations électriques qu'ils exploitent.

En ce qui concerne l'affiche n° 2, je suis disposé à mettre à votre disposition, pour être distribué aux autorités municipales, le nombre d'exemplaires qui vous serait nécessaire.

Charles Dumont.

Secours à donner aux personnes victimes d'un contact accidentel avec des conducteurs électriques.

SOUSTRAIRE LE PLUS RAPIDEMENT POSSIBLE LA VICTIME AUX EFFETS DU COURANT EN SE CONFORMANT RIGOUREUSEMENT AUX PRESCRIPTIONS CI-DESSOUS INDIQUÉES POUR NE PAS S'EXPOSER PERSONNELLEMENT AU DANGER.

NOTA. — L'humidité rend le sauvetage particulièrement dangereux.

Tension de première catégorie [1].

Écarter immédiatement le conducteur de la victime, en prenant la précaution de ne pas se mettre en contact direct ou par l'intermédiaire d'un objet métallique, avec le conducteur sous tension.

*Tension de deuxième catégorie inférieure à 6.000 volts
(entre conducteurs).*

Tenter de supprimer le courant, s'efforcer de délivrer la victime du contact dangereux.

A. — Un fil est tombé sur le sol et touche la victime.

Écartement des fils. — Sans toucher la victime, écarter le fil avec un bâton, une canne ou un outil à manche isolant ; ces objets ne doivent pas être humides.

Se placer, si possible, sur un tabouret isolant [2].

Déplacement et dégagement de la victime. — S'il est plus facile de déplacer la victime que d'écarter les fils, le faire en observant exactement les mêmes précautions.

Dans toutes ces opérations, éviter que le fil ne vienne toucher le visage ou d'autres parties nues du corps.

---

1. *Tension de première catégorie.* — Courants alternatifs : moins de 150 volts. Courants continus : moins de 690 volts.

2. *Tabouret isolant.* — Se construit en disposant sur le sol des planches sur lesquelles on place des isolateurs, ou, à défaut des objets solides très isolants (bouteilles vides, bols en faïence, etc.); le tout est surmonté par de nouvelles planches aussi sèches que possible.

B. — La victime est suspendue.

Supprimer le courant, prévoir la chute du blessé, préparer sur le sol : matelas, bottes de paille, etc.

Tension supérieure à 6.000 volts (entre conducteurs).

SUPPRIMER LE COURANT

Si l'on ne peut supprimer le courant, le sauvetage sera toujours *très dangereux*.

Isoler le sauveteur *à la fois* du côté du courant et du côté de la terre ; n'employer que des outils à manches *très isolants* ou munis de poignées en porcelaine ou en verre ; dans tous les cas, se placer sur un tabouret *très isolant*.

Dans tous les cas prévenir un médecin.

Premiers soins à donner en attendant l'arrivée du médecin.

Donner à la victime, dès qu'elle a été soustraite aux effets du courant, les soins ci-après indiqués, même dans le cas où elle présenterait les apparences de la mort.

Transporter d'abord la victime dans un local aéré où on ne conservera qu'un très petit nombre d'aides, trois ou quatre, toutes les autres personnes étant écartées.

Desserrer les vêtements et s'efforcer, *le plus rapidement possible*, de rétablir la respiration et la circulation.

Pour rétablir la respiration, on peut avoir recours principalement aux deux moyens suivants : la traction rythmée de la langue et la respiration artificielle.

Commencer toujours par la méthode de la traction de la langue, en appliquant en même temps, s'il est possible, la méthode de la respiration artificielle.

Chercher, concurremment, à ramener la circulation en frictionnant la surface du corps, en flagellant le tronc avec les mains ou avec des serviettes mouillées, en jetant de temps en temps de l'eau froide sur la figure, en faisant respirer de l'ammoniaque ou du vinaigre.

1° *Méthode de la traction rythmée de la langue.* — Ouvrir la bouche de la victime, et si les dents sont serrées, les écarter en forçant avec les doigts ou avec un corps résistant quelconque : morceau de bois, manche de couteau, dos de cuiller ou de fourchette, extrémité d'une canne, etc.

Saisir solidement la partie antérieure de la langue entre le pouce et l'index de la main droite, nus ou revêtus d'un linge quelconque, d'un mouchoir de poche, par exemple (pour empêcher le glissement), et exercer sur elle de fortes tractions répétées, successives, cadencées ou rythmées, suivies de relâchement, en imitant les mouvements rythmés de la respiration elle-même, au nombre d'au moins vingt par minute.

Les tractions linguales doivent être pratiquées sans retard et avec persistance durant une demi-heure, une heure et plus, s'il faut, sans se décourager.

2° *Méthode de la respiration artificielle.* — Coucher la victime sur le dos, les épaules légèrement soulevées, la bouche ouverte, la langue bien dégagée.

Saisir les bras à la hauteur des coudes, les appuyer assez fortement sur les parois de la poitrine, puis les écarter et les porter au-dessus de la tête en décrivant un arc de cercle ; les ramener ensuite à leur position primitive en pressant sur les parois de la poitrine.

Répéter ces mouvements environ vingt fois par minute, en continuant jusqu'au rétablissement de la respiration naturelle, rétablissement qui peut demander quelquefois plusieurs heures.

Secours à donner aux personnes victimes d'un contact accidentel avec des conducteurs électriques.

SOUSTRAIRE LE PLUS RAPIDEMENT POSSIBLE LA VICTIME AUX EFFETS DU COURANT EN SE CONFORMANT RIGOUREUSEMENT AUX PRESCRIPTIONS CI-DESSOUS INDIQUÉES POUR NE PAS S'EXPOSER PERSONNELLEMENT AU DANGER.

NOTA. — L'humidité rend le sauvetage particulièrement dangereux.

1° *L'accident est survenu par contact avec les fils, les fusibles, les interrupteurs ou les supports des lampes d'une installation particulière domestique.*

Écarter immédiatement du courant la victime avec un bâton ou un linge sec, ou bien supprimer le courant au moyen de l'interrupteur général [1]; si ces opérations sont impossibles, couper les fils conducteurs, de part et d'autre de la victime, en s'entourant les mains avec des gants, des morceaux d'étoffe; ou en s'isolant de la terre, en se plaçant sur une chaise par exemple.

Dans l'exécution de ces manœuvres sur les conducteurs électriques, *opérer toujours avec une seule main.*

2° *L'accident est survenu par contact avec un conducteur d'une distribution quelconque à l'exception du cas précédent.*

S'efforcer de faire supprimer le courant le *plus rapidement possible,* en prévenant l'usine par téléphone, ou, à défaut, par un mode de locomotion rapide (automobiles, bicyclettes, etc.), si un agent de l'entreprise d'électricité se trouve à proximité, le prévenir en même temps.

Ne pas intervenir avant que la tension soit supprimée.

Écarter la foule de l'accident (se méfier de la chute des fils).

Prévenir un médecin.

Si la victime est suspendue, amortir préventivement sa chute en disposant sur le sol : matelas, bottes de paille, etc.

Préparer les moyens d'atteindre la victime (cordes, échelles, etc.).

---

1. Le plus souvent, l'interrupteur particulier ne supprime pas complètement la tension.

Dès que l'on sera avisé de l'arrêt du courant, écarter le fil de la victime, ou, si elle est suspendue, s'élever jusqu'à elle, la descendre sur le sol.

Premiers soins à donner en attendant l'arrivée du médecin.

Donner à la victime dès qu'elle a été soustraite aux effets du courant, les soins ci-après indiqués, même dans le cas où elle présenterait les apparences de la mort.

Transporter d'abord la victime dans un local aéré où on ne conservera qu'un très petit nombre d'aides, trois ou quatre, toutes les autres personnes étant écartées.

Desserrer les vêtements et s'efforcer, *le plus rapidement possible*, de rétablir la respiration et la circulation.

Pour rétablir la respiration, on peut avoir recours principalement aux deux moyens suivants : la traction rythmée de la langue et la respiration artificielle.

Commencer toujours par la méthode de la traction de la langue, en appliquant en même temps, s'il est possible, la méthode de la respiration artificielle.

Chercher, concurremment, à ramener la circulation en frictionnant la surface du corps, en flagellant le tronc avec les mains ou avec des serviettes mouillées, en jetant de temps en temps de l'eau froide sur la figure, en faisant respirer de l'ammoniaque ou du vinaigre.

1° *Méthode de la traction rythmée de la langue.* — Ouvrir la bouche de la victime, et, si les dents sont serrées, les écarter en forçant avec les doigts ou avec un corps résistant quelconque : morceau de bois, manche de couteau, dos de cuiller ou de fourchette, extrémité d'une canne, etc.

Saisir solidement la partie antérieure de la langue entre le pouce et l'index de la main droite, nus ou revêtus d'un linge quelconque, d'un mouchoir de poche, par exemple (pour empêcher le glissement), et exercer sur elle de fortes tractions répétées, successives, cadencées ou rythmées, suivies de relâchement, en imitant les mouvements rythmés de la respiration elle-même, au nombre d'au moins vingt par minute.

Les tractions linguales doivent être pratiquées sans retard et avec persistance durant une demi-heure, une heure et plus, s'il le faut sans se décourager.

2° *Méthode de la respiration artificielle.* — Coucher la victime sur le dos, les épaules légèrement soulevées, la bouche ouverte, la langue bien dégagée.

Saisir les bras à la hauteur des coudes, les appuyer assez fortement sur les parois de la poitrine, puis les écarter et les porter au-dessus de la tête en décrivant un arc de cercle; les ramener ensuite à leur position primitive en pressant sur les parois de la poitrine.

Répéter ces mouvements environ vingt fois par minute, en continuant jusqu'au rétablissement de la respiration naturelle, rétablissement qui peut demander quelquefois plusieurs heures.

Lille.—Imp. Lefebvre-Ducrocq

L'ÉCLAIRAGE ÉLECTRIQUE

Société Anonyme de Construction et d'Installation Électriques

CAPITAL : 6.000.000 DE FRANCS

ADMINISTRATION & ATELIERS DE CONSTRUCTION

364, Rue Lecourbe – PARIS

TURBO-ALTERNATEURS – STATIONS CENTRALES
GROUPES ÉLECTROGÈNES – TRANSFORMATEURS
POMPES HÉLICO-CENTRIFUGES « MAGINOT »
TREUILS & VENTILATEURS ÉLECTRIQUES
MATÉRIEL ÉLECTRIQUE A COURANT CONTINU & COURANTS ALTERNATIFS

TÉLÉGRAMMES	TÉLÉPHONE
Leclique – Paris	709-19 — 729-41

STATION DE LA SOCIÉTÉ LILLOISE. PUISSANCE INSTALLÉE : 18.000 KILOWATTS

Expositions
- PARIS 1900, SAINT-LOUIS 1904 : GRANDS PRIX.
- LIÉGE 1905 : HORS CONCOURS. MEMBRE DU JURY.
- MARSEILLE 1908 : GRAND PRIX.